초전도
저항제로의 세상을 열다

초전도, 저항제로의 세상을 열다

초판 1쇄 펴낸날 | 2023년 8월 21일

지은이 | 김찬중
펴낸이 | 이주완
편집인 | 신영미
펴낸곳 | 하늬바람에 영글다

디자인 | 오정화

주소 | 경기도 고양시 일산동구 성석동 567
대표전화 | (031) 975-3660
팩시밀리 | (031)975-3661
출판등록 | 2010년 02월 25일 제396-2010-000026호
총판 | 비앤북스 (031) 975-3660

ISBN 978-89-967449-6-2 03420

2023 ⓒ 김찬중
이 책에 있는 글과 초전도 사진의 저작권은 저자에게 있습니다. 서면에 의한 허락 없이 무단 전재와 무단 복제를 금합니다.

값 20,000원

*잘못 제본된 책은 바꿔드립니다.

초전도
저항제로의 세상을 열다
Superconductivity

김찬중 지음

초전도 제로저항의
세상을 열다

35년 가까이 초전도 물질을 합성하고, 초전도체의 공중부양 현상을 시연해 왔지만 초전도 현상은 볼 때마다 새롭고 흥미롭다. 초전도체의 공중부양 사진을 본 어떤 사람이 이렇게 물었다.

"공중에서 뜨는 초전도 현상을 이용하면 영구기관을 만들 수 있지 않을까요? 한번 돌려놓으면 영원히 떠서 돌아가는 물레방아 같은 것 말입니다."

다른 사람이 이렇게 물었다.

"초전도 공중부양 현상은 반중력 현상입니까, 아니면 반자장 현상입니까? 초전도체가 반자장으로 지구 자기장을 막아낼 수 있다면 초전도 현상을 이용해서 미확인 비행물체(UFO, Unidentified Flying Object)와 같은 것을 만들 수 있지 않을까요?"

상상은 자유다. 초전도 현상은 그것을 보는 사람들에게 다양한 상상을 불러일으킨다. 이제까지 인류가 이룩한 과학문명의 발전은 전혀 실현 가능할 것 같지 않은 공상에서 출발했다. 그렇기 때문에 양자역학이 만들어내는 초전도 현상이 미래의 인류문명을 어떻게 변화시킬지는 아무도 알 수 없다.

초전도 현상이 처음 발견된 시기는 지금으로부터 100여 년 전이다. 특정 온도에서 저항이 사라지는 초전도 현상은 네덜란드의 물리학자인 오네스가 극저온에서 금속의 저항을 측정하던 중에 발견하였다. 저항은 이동하는 전자가 진동(포논, Phonon)하는 원자에 부딪혀서 생긴다. 그렇기 때문에 절대온도 0K가 아니라면 원자에는 어느 정도의 진동은 항상 있는 것이고, 그에 따른 저항이 생기게 마련이다. 온도와 저항의 상관관계가 정립되지 않았던 당시에는 물질의 온도가 내려가면 원자의 진동뿐만 아니라 전자의 움직임도 둔화되어 저항이 커질 수 있다는 의견과 원자의 진동만 둔화되고 전자의 움직임에는 아무런 변화가 없기 때문에 오히려 저항이 작아진다는 상반된 이론이 있었다. 저온에서 액체가 되는 헬륨의 액화에 성공한 오네스의 연구팀은 금속 저항의 온도 의존성을 알고자 순수한 수은의 저항을 측정하던 중에 절대온도 0K보다 높은 특정 온도(4.2K)에서 저항이 사라지는 현상을 발견했다. 연구진들은 예상하지 못한 결과에 대해 의아해했지만 그 당시의 물리학적 지식으로는 이 현상의 본질에 대해서 어떤 설명도 할 수 없었다. 오네스는 이 현상을 전기가 저항 없이 흐르는 현상이라고 해서 초전도(Super-conductivity)라고 불렀다.

"특정 온도에서 저항이 갑자기 사라졌다. 어떻게 설명해야 할지는 모르지만 어느 것도 전자의 움직임을 방해하지 않아. 저항이 없으니까 이 상태에서는 무한히 많은 전기를 흘릴 수 있겠어."

오네스는 초전도 현상을 발견한 몇 년 후 헬륨가스의 액화 성공으로 인한 극저온의 달성과 저온에서의 금속의 전기적인 성질을 측정한 업적으로 노벨 물리학상을 받았다.

수은의 저항을 측정하다 우연하게 발견된 초전도 현상은 지난 100여 년 동안 놀랍게도 다섯 차례나 노벨 물리학상 수상자를 배출했다. 1913년 오네스의 노벨 물리학상 이후에 1972년에는 바딘(Bardin)-쿠퍼(Cooper)-슈리퍼(Shuriffer)가 초전도 현상을 이론적으로 설명한 논문으로 노벨 물리학상을 수상했다. 이 이론을 세 사람의 이름 첫 자를 따서 BCS 이론이라고 부른다.

"초전도 현상은 전자들의 움직임이 특정 온도에서 열역학적으로 안정화되는 과정입니다. 이 현상은 0도에서 얼음이 녹아서 물이 되는 것과도 같습니다. 한순간에 전자들이 저항 없이 흘러가는 이 현상의 중심에는 짝을 이루는 전자들이 있습니다."

케임브리지 대학에서 물리학 석사과정을 하던 22세 천재 청년 조셉슨은 초전도-절연체-초전도 접합에서 초전도 전자쌍이 절연층의 에너지 장벽을 넘을 수 있다는 터널링(Tunneling) 현상을 발표하였다. 초전도 전자쌍이 파동과 같은 성격을 갖는다는 그의 제안은 실제적으로 증명되었고, 미세한 전자기파를 탐지하는 디바이스에 적용되었다. 그는 1973년에 노벨 물리학상을 수상했다.

"전자는 입자의 거동을 보이지만 동시에 파동의 성격도 갖습니다. 초전도 전자쌍 앞에 얇은 절연층이 있더라도 두 전자의 위상만 같다면 전자는 절연층을 뛰어넘어 건너편 초전도층으로 흐를 수 있지요. 터널링 현상은 아주 작은 입자들의 세계에서 일어나는 양자역학적인 현상입니다."

초전도 현상의 실체를 완벽하게 설명했다고 평가된 BCS 이론의 출현으로 초전도 현상에 대한 연구가 시들해졌던 시기인 1986년에 스위스 IBM 취리히 연구소의 베드노르즈와 뮬러가 BCS 이론으로 설명할 수 없는 신비로운 초전도 물질을 합성했다.

"상온에서 전기가 잘 흐르지 않는 물질인 돌 같은 산화물에서 초전도 현상이 발견되었어. 게다가 놀랍게도 초전도 온도가 BCS 이론의 한계를 넘어서는 35K 근방에 있어."

이후 산화물 초전도체의 초전도 임계온도는 100K 이상으로 솟구쳤다. 과학자들은 비정상적으로 높은 온도에서 일어나는 초전도 현상에 대해 놀라움을 금치 못했다.

"초전도 임계온도가 100K라니 그렇다면 노벨상을 수상한 BCS 이론에 수정이 필요하다는 말인가? 이 계열의 물질들은 고온(高溫) 초전도체라고 불러야겠군."

고온 초전도체의 발견으로 전세계 과학계가 흥분상태에 빠져들었고, 모든 과학자들은 초전도체 현상을 연구하겠다고 나섰다. 베드노르즈와 뮬러는 논문 발표 이듬해인 1987년에 노벨 물리학상을 수상했다.

"초전도 임계온도에 한계가 없다면 상온에서 초전도가 되는 물질이 존재할 가능성도 있을 거야. 상온 초전도체를 발견한다면 또 한 번 노벨상을 받을 수 있을지도 모르지."

상온 초전도체의 발견에 대한 희망이 높아갔고, 2003년에는 높은 자기장에서 초전도 현상을 유지하는 제2종 초전도체에서의 자기장 상태를 완벽하게 설명한 구소련의 과학자 아브리코소프가 노벨 물리학상을 수상했다.

오네스가 초전도 현상을 처음 발견한 이후 100여 년 동안 이 분야에서 오네스(네덜란드), 조셉슨(영국), 바딘-쿠퍼-슈리퍼(BCS, 미국), 베드노르즈와 뮬러(독일/스위스) 그리고 아브리코소프(구소련, 현 미국)까지 노벨 물리학상 수상자를 다섯 번이나 배출했다. 초전도 관련 연구분야에서의 다수의 노벨상 수상에도 불구하고 초전도 현상에 대한 물리학자들의 도전은 아직 끝나지 않았다. 상온 초전도체의 발견과 고온 초전도 현상을 설명할 수 있는 새로운 이론이 등장하느냐에 따라 초전도 연구의 새로운 이정표가 세워질 수 있고, 제3의 산업혁명이 가능하기 때문이다.

필자의 초전도 연구는 1987년 카이스트 재료공학과 박사과정에서부터 시작되었다. 학위과정으로 초전도 연구를 시작하여 2023년 현재까지 초전도를 연구하고 있으니 필자의 초전도 연구경력은 30년 가까이 된다. 필자는 재료과학자로 30년 동안 초전도 물질합성을 주제로 연구를 해오면서 초전도 현상을 연구하는 물리학자와 초전도의 응용을 연구해 온 전기, 기계공학자들을 만나서 지식을 교류했다. 또한 많은 청소년들과 대학생 그리고 과학교사

● 고온 초전도체(아래) 위에서 공중부상한 영구자석 구(Sphere).

"영구자석 구는 왜 초전도체 위의 공중 어느 한 점에 떠 있는 것일까?" 그것은 외부 자기장을 밀어내는 초전도체만의 독특한 성질인 완전반자성 '마이스너 효과(Meissner effect)' 때문이다. 100여 년 전에 발견된 초전도 현상은 인류가 알지 못했던 소립자 세계의 비밀의 문을 열어주었고, 다섯 차례나 노벨 물리학상 수상자를 배출했다. 하지만 인류는 아직도 초전도 현상의 실체에 대해 완전히 이해하지 못하고 있다. 초전도 현상은 저항제로 전기송전, 무공해 발전, 고효율 에너지 저장과 자기부상열차 등 에너지 손실 제로의 인류 미래 문명을 만들어 갈 것이다.

들에게 초전도 강연을 해왔다. 초전도 현상의 기본적인 원리를 설명하고, 실험을 함께하면서 이 주제가 청소년들에게 과학에 대한 흥미를 불러 일으킬 수 있는 주제임을 확신하게 되었다. 초전도 연구의 종반전을 맞이하면서 필자는 과학자로서 습득한 지식과 경험, 초전도와 함께해 온 시간을 정리해서 이 분야에 관심을 갖는 청소년들, 대학 초년생과 과학교사들을 위한 초전도 교양서와 같은 책을 집필하기로 하였다.

이 책의 1부는 오네스로부터 시작한 초전도 현상의 발견과 초전도 현상의 이해, 노벨 물리학상을 수상한 과학자들의 이야기를 담았다. 필자의 30년 초전도 경험과 지식을 바탕으로 초전도 역사를 이야기 형식으로 설명함으로써 물리학의 난해한 주제인 '초전도'가 독자들에게 쉽게 다가갈 수 있도록 하였다. 2부에서는 BCS 이론으로 설명할 수 없는 새로운 초전도체 발견과 그 이후의 이야기들, 과학계의 흥분과 연구자들의 열정을 지켜본 필자의 생각과 초전도 과학자로서의 연구경험 등 초전도 연구현장의 생생한 순간들을 담고 있다. 3부는 초전도 현상을 주제로 한 창의적 과학실험을 다루고 있다. 초전도 현상은 전자(Electron)가 만들어내는 물리학적 현상으로, 미시의 양자역학이 거시적으로 발현되어 나타나는 현상이다. 그렇기 때문에 초전도 마이스너 현상을 보는 사람이라면 누구든지 양자역학의 세상을 경험하고 있다 할 수 있다. 오네스가 발견한 전기저항 제로의 초전도 현상, 마이스너 효과, 아브리소코브가 설명한 제2종 초전도의 자기력 상태를 보여주는 자력의 끈 현상, 초전도 자기부상열차 제작과정과 시연방법을 제시하였다.

필자는 이 서적이 과학에 흥미가 있는 청소년, 대학생과 청소년을 가르치는 과학교사들에게 초전도 현상을 이해하는 길잡이가 되며, 더불어 앞으로 한국 과학계를 이끌어갈 미래 청년 과학자들의 창의성 개발에 도움이 되길 바란다.

2023년 8월

차례
Contents

프롤로그
초전도 제로저항의 세상을 열다 | 004

Part 1
초전도의 역사와 노벨 물리학상

초전도의 시작-카멜링 오네스 | 014

완전반자성-마이스너(Meissner) 효과 | 022

실망스러운 제1종 초전도체 | 031

제2종 초전도체, 자기장과 타협하다 | 036

BCS 이론, 초전도 현상을 설명하다 | 050

조셉슨, 양자소자를 제안하다 | 061

Part 2
고온 초전도의 발견과 그 이후

고온(高溫) 초전도체의 발견 | 072

과학계, 흥분과 혼란 속으로 | 081

Superconductivity

녹색가루(Green powder) 사건의 전말 | 100
초전도, 파티는 끝났는가? | 108
녹색물질도 쓸모가 있네 | 120
씨앗을 심자 | 128
경계에 잡힌 자기장 | 138
마에다 선생의 막자사발 | 146
보관함에 있던 그 물질이… | 157
사라진 잠수함-레드 옥토버(Red October) | 166
자석이 된 초전도체 | 174
공중에서 회전하는 휠-에너지를 저장하다 | 186
초전도, 어디에 사용되나 | 196

참고한 서적과 글 | 210

에필로그
-여러 번 감사, Many thanks | 214

Superconductivity

— 초전도의 시작 – 카멜링 오네스

— 완전반자성 – 마이스너(Meissner) 효과

— 실망스러운 제1종 초전도체

— 제2종 초전도체, 자기장과 타협하다

— BCS, 초전도 현상을 설명하다

— 조셉슨, 양자소자를 제안하다

Part **1**

초전도의 역사와 노벨 물리학상

Superconductivity

초전도의 시작
— 카멜링 오네스

카멜링 오네스
Heike Kamerlingh Onnes

저항 없이 전기가 흐르는 초전도(Superconductivity) 현상은 네덜란드 라이덴 대학의 물리학자 오네스*에 의해 처음 발견되었다.

당시 물리학의 중심지였던 유럽의 몇몇 연구실에서는 기체를 액화시켜 극저온을 얻으려는 연구가 경쟁적으로 진행되고 있었다. 오네스는 1894년 라이덴 대학에 저온연구소(低溫硏究所)를 설립하여 극저온 경쟁에 뛰어들었다. 누가 먼저 기체를 액체로 바꾸어 극저온에 도달하느냐에 따라 연구자의 명성이 결정될 터였다. 여러 기체들의 온도를 내려 기체를 액화시켰지만 산소와 질소 같은 기체들은 아무리 온도를 내려주어도 액화되지 않았다. 학자들은 액체가 되지 않는 기체를 영구기체(Permanent gas)라고 불렀다. 영구기체의 액화문제를 해결한 사람은 줄**과 톰슨***이었다. 그들은 기체의 온도와 압력을 동시에 바꾸어 영구기체를 액체로 만드는 방법을 찾아냈다.

"기체에 압력을 가하면 기체의 증발온도가 낮아지기 때문에 기체를 액체로 만들 수 있습니다. 기체에 압력을 가하는 것과 동시에 온도를 내려주면 좀 더 쉽게 기체를 액체로 만들 수 있습니다. 작은 기구가 필요한데, 기체를 넣을 관을 만들어 기체에 큰 압력을 가해주고 그 기체가 좁은 통로를 따라 내려가게 해줍니다. 그리고 아래에 직경이 큰 관을 만들어줍니다. 그 후 아래 관의 온도를 낮추어줍니다. 그러면 위에서 압력을 받은 기체가 아래로 내려오면서 액체로 바뀝니다."

이 방법으로 영구기체라고 불린 질소와 산소는 액체가 되었다. 오네스의 강력한 경쟁자는 영국의 화학자 듀어였다. 듀어****는 1898년에 기체수소를 액체수소(20K, 섭씨 -253도)로 만든 선도적인 업적을 이루었다. 그에 비해서

* Heike Kamerlingh Onnes, 1853-1926, 프로닝겐 출생. 수학과 물리학을 배웠고, 하이델베르크에서 수학하였으며, 1882년 라이덴(Leiden) 대학 교수(1882-1923)가 되었다.

** James Prescott Joule, 1818-1889, 영국의 물리학자, 에너지보존 법칙에 기여하였다.

*** William Thomson, 1st Baron Kelvin, 1824-1907, 아일랜드 출신 영국의 수리물리학자이자 공학자. 이후에 켈빈경이 된다.

**** Sir James Dewar, 1842-1923, 스코틀랜드 화학자, 물리학자

오네스는 1904년이 되어서야 액체공기를 대량으로 생산할 수 있는 액화기를 제작해서 산소를 액체화하는 데 성공했다. 이후에 수소의 액화기를 제작해서 듀어보다 8년 늦은 1906년, 그의 나의 53세에 수소의 액화에 성공했다. 오네스는 가장 낮은 온도에서 액화될 것으로 예상되는 헬륨을 다음 연구 대상 물질로 선정했다. 그의 연구팀은 액체공기와 액체수소의 액화기 제작으로부터 얻은 기술을 이용해서 헬륨의 액화에 도전했다. 각고의 노력 끝에 오네스는 1908년 7월 10일에 헬륨의 액화(4K, 섭씨 -269도)에 성공했다. 오네스의 연구팀이 설계한 장치에서 시간당 500큐빅센티미터(cm^3)의 액체헬륨을 생산할 수 있었다. 헬륨 액화의 성공으로 오네스는 세계에서 가장 낮은 온도에 도달한 과학자가 되었다. 이후 15년 동안 액체헬륨은 오로지 오네스의 실험실에서만 제조할 수 있었다.

저온 연구에서 뛰어난 업적을 이룬 오네스는 액체헬륨을 이용해서 극저온에서 금속의 전기저항을 측정하는 연구를 진행했다. 금속에는 이온결합이나 공유결합 물질에는 없는 자유전자가 있어서 전기가 잘 통한다. 하지만 과학자들은 왜 금속 원자(양이온)에서 전자들이 자유롭게 떨어져 나가는지에 대해서는 잘 이해하지 못했다. 단지 열 에너지(온도)가 금속 이온에서 전자가 떨어져 나가게 하는 역할을 한다고 추측할 뿐이었다. 당시에 과학자들 사이에서는 낮은 온도에서의 전자 움직임에 대해 상반된 주장이 있었다. 켈빈경은 금속에서 온도에 따른 전자의 움직임을 다음과 같이 설명했다.

"온도가 충분히 높다면(열 에너지가 크다면) 전자들은 기체처럼 자유롭게 움직입니다. 이 상태에서 온도를 내리면 저항이 감소한다는 사실은 실험을 통해 잘 알려져 있습니다. 하지만 온도가 아주 낮은 극저온이라면 열 에너지가 너무 작아 원자로부터 전자를 떼어낼 수 없을지 모릅니다. 이런 경우라면 전자는 원자와 한 묶음이 되므로 움직임에 제한을 받게 됩니다. 따라서 극저온에서는 전자의 움직임이 어려워져 저항은 증가할 겁니다."

금속에서 전자가 기체처럼 자유롭게 움직인다는 자유전자 이론을 주창한 드루드*는 켈빈경과는 다른 의견을 제시했다.

　　"저는 자유전자의 움직임에 대해 켈빈경과는 다른 견해를 가지고 있습니다. 온도가 극저온으로 내려가도 양이온인 원자만 얼고 전자는 얼지 않을 것이라고 봅니다. 극저온에서는 양이온의 움직임이 둔화되므로 전자는 좀더 자유롭게 움직일 것입니다. 그렇다면 극저온에서 금속의 저항이 매우 감소할 것으로 예상됩니다."

　　원자는 한 위치에 고정되어 있지 않다. 항상 진동을 하는데 온도를 높여 주면 진동은 더욱 격렬해진다. 아주 높은 온도에서는 원자가 자기 자리에서 이탈해서 고체는 액체가 된다. 전자의 움직임을 방해하는 주체가 바로 이 원자의 진동이다. 높은 온도에서는 원자의 진동이 격렬해지므로 전자는 원자와 쉽게 충돌하고, 따라서 저항이 커진다. 금속에서 발생한 저항은 열이나 빛과 같은 다른 에너지 형태로 바뀐다. 니크롬 전기히터**가 좋은 예다. 낮은 온도에서는 원자들의 진동이 약하므로 전자는 좀더 자유롭게 움직인다.

　　오네스는 두 가지 가설 중에 어떤 것이 옳은지를 확인하려고 금속의 온도-저항 측정 실험을 진행했다. 오네스 연구팀은 먼저 전기가 잘 통하는 금속인 금과 백금의 전기저항을 측정했다. 액체헬륨을 사용해서 온도를 내려 주자 백금의 전기저항이 비례적으로 감소하다가 어느 온도(4.3K) 이하에서 일정해졌다.

　　"온도가 내려가면 백금의 저항이 감소하는군. 그런데 전기저항이 어느 온도 이하에서는 동일하네. 극저온에서 저항이 감소하지도 증가하지도 않아. 현재의 결과로서는 두 이론 중 어떤 것이 맞는다고 할 수 없군."

　　오네스는 자신이 사용한 백금이 100% 순수하지 않다는 것을 알고 있었다. 백금 안에 들어 있는 불순물 원자 때문에 저항이 더 이상 내려가지 않는 것

* Paul Karl Ludwig Drude, 1863-1906, 독일의 물리학자, 1900년에 물질의 열, 전기, 광학성질을 설명하는 드루드 모델 발표

** 금속의 높은 저항을 이용한 니크롬(Nichrom, 니켈-크롬 합금. 전기저항이 크고 고온에서 산화가 잘 안 되는 소재)

일지 모른다고 생각했다. 일부러 불순물을 금속에 넣어 온도-저항 곡선을 측정한 다른 연구자들의 실험에서 유사한 결과가 보고되었다.

"아무래도 백금 안에 미량 포함된 불순물 원자들이 전자의 이동을 방해한다고 보아야겠군요. 불순물 원자들의 진동은 백금원자와 다를 수 있으므로 전자의 이동을 방해할 수 있지요. 좀더 정확한 결과를 얻으려면 불순물이 없는 물질을 대상으로 실험을 해야겠어요."

오네스는 이번에는 불순물이 없는 상태에서 온도에 대한 금속의 저항을 알고자 수은(Hg)을 선택했다. 수은은 상온에서 액체이기 때문에 불순물이 없는 순수한 상태로 만들기 쉽다. 온도를 올려 수은을 기화시켰다가 다시 응축시키면 매우 높은 순도의 수은이 얻어진다. 오네스는 액체수은을 유(U)자관에 넣고 양 끝에 전선을 붙여서 온도를 내리면서 수은의 저항을 측정했다. 오네스와 동료 한 명이 수은이 들어 있는 유자관을 관찰하고 있었고, 다른 조원들은 50미터 떨어진 곳에서 온도에 따른 전기저항 변화를 측정했다. 온도가 내려가면서 수은은 고체상태가 되었고, 수은의 저항은 계속 감소했다. 연구자들은 수은에 대한 실험에서 다른 금속에서는 볼 수 없는 특별한 현상을 발견했다. 다른 금속들은 온도가 내려가면 저항이 서서히 감소하다가 일정한 값을 갖거나 절대온도 0K 근처에서 제로(0)로 수렴되었는데, 수은은 절대온도 0K가 되기 전인 4.2K에서 전기저항이 제로가 되었다.

"선생님, 수은의 저항이 이상합니다. 저항이 온도에 따라 감소하는 것이 아니라 특정온도에서 갑자기 제로가 되었습니다. 4.2K에서 저항이 사라지는데 온도를 올려주면 다시 저항이 생깁니다."

"그럴 수가 있나?"

실험에는 언제나 오류가 있을 수 있으므로 과학자들은 동일한 실험을 반복해서 같은 결과가 나올 때에만 그 결과를 신뢰한다. 오네스는 실험실 연구자에게 동일한 실험을 반복해서 해보라고 지시했다. 주의를 기울여 실험을 여러 번 반복했지만 연구자들은 처음과 같은 결과를 얻었다.

"교수님, 실험을 반복해도 동일한 현상이 나타납니다. 지난번과 동일한 온도인 4.2K에서 수은의 저항이 사라집니다."

오네스는 실험 방법에 문제가 있을 수 있다는 생각에 수은을 담는 튜브를 바꾸어보자고 했다.

"혹시 유자관이 너무 짧아서 오류가 생긴 것은 아닌지 모르겠습니다. 유자관보다 길이가 긴 더블유(W)자관에 수은을 넣고 동일한 실험을 해봅시다."

연구자들은 이번에는 더블유자 형태의 관을 만들어 그곳에 수은을 채워 넣고 동일한 실험을 진행했으나 관의 길이에 관계없이 저항이 사라지는 현상이 관찰되었다.

오네스는 반복한 실험에서 항상 일정온도에서 저항이 사라지는 수은의 온도-저항 곡선을 보면서 말했다.

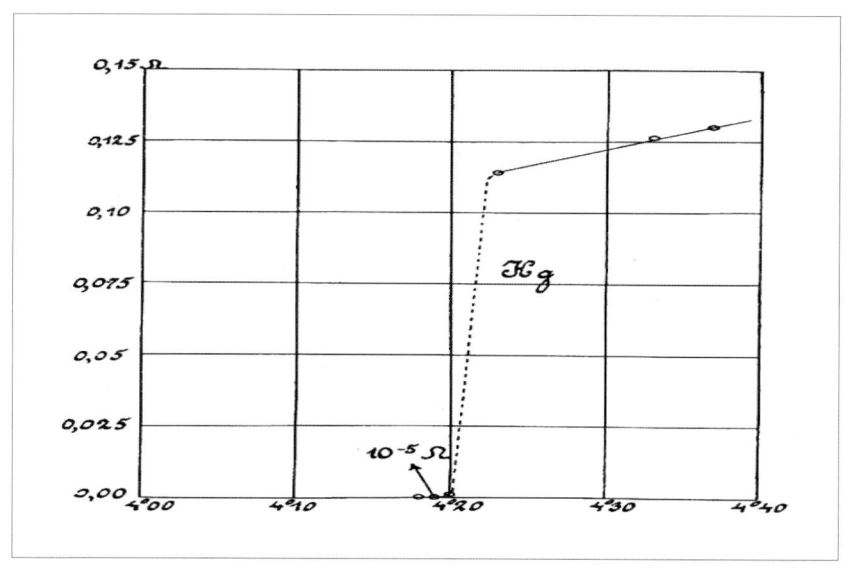

◀ 수은의 온도 – 저항 곡선

"항상 똑같은 온도-저항 곡선이 그려지는군. 절대온도 제로가 아닌데 저항이 제로가 된다? 온도가 낮다고는 하지만 여전히 원자가 진동하고 있는데 어떻게 이런 현상이 일어날 수 있는가. 지금의 물리학 지식으로는 설명할 수 없는 현상이야. 저항이 제로라면 전기가 무한대로 흐를 수 있다는 의미인데, 그렇다면 이 현상을 초전도(Superconductivity)라고 해야겠군."

오네스의 연구진은 세계 최초로 특정 온도에서 금속의 저항이 사라지는 초전도 현상을 발견했다. 저항이 제로가 되는 초전도 현상이 나타나는 온도를 임계온도(Critical temperature)라고 한다. 오네스가 발견한 초전도 현상은 당시의 물리학으로는 이해할 수 없는 기이한 현상이었다. 원자가 움직이지 않아야 전자가 저항 없이 이동할 수 있는데 4.2K에서 원자들이 여전히 진동하고 있다. 오네스는 수은에 이어서 납, 주석과 같은 금속 물질에서도 초전도 현상이 나타난다는 사실을 확인했다.

"수은뿐만 아니라 다른 금속에서도 초전도 현상이 일어나는군. 특이한 점은 물질에 따라 초전도 현상이 나타나는 온도가 다르다는 점이야. 이것도 흥미로운 현상이야."

오네스는 헬륨 가스의 액화를 통해 인류가 만들 수 있는 가장 낮은 온도를 만든 업적과 극저온에서 금속의 전기적 성질을 연구한 공로로 1913년에 노벨 물리학상을 받았다. 그는 노벨상을 받는 자리에서 다음과 같이 말했다.

"금속에 대한 반복적인 온도-저항 실험에서 온도가 내려가면 금속의 저항이 감소한다는 사실을 발견했습니다. 이 결과로 극저온에서 전자들이 얼어붙을 것이라는 가설은 옳지 않다는 것이 밝혀졌습니다. 원자(이온)의 움직임만 둔화된다고 보아야 합니다. 그런데 그보다 더 흥미로운 점은 어떤 금속들의 경우 특정 온도에서 저항이 갑자기 사라진다는 것입니다."

● 보온병의 액체질소를 고온 초전도체 타일 위에 붓고 있다. 검정색 초전도 타일들 위 공간에 디스크 모양의 영구자석이 떠 있다. 액체질소의 온도는 절대온도 77K(섭씨 −196도)다. 19세기 물리학의 관심은 기체의 온도를 내려 액체를 만드는 일이었다. 1877년과 1898년에 각각 산소(90K)와 수소(20K)의 액화에 성공했다. 마지막 남은 원소는 헬륨이었다. 반 데어 발스(Van der Waals)의 상태방정식에 따르면, 헬륨이 액체가 되는 온도는 2-6K로 예상되었다. 오네스는 저온에서 기체헬륨에 압력을 가해서 우주에서 가장 온도가 낮은 물질인 액체헬륨을 만들었다. 오네스는 헬륨의 액화와 저온에서의 금속의 성질을 연구한 공로로 노벨 물리학상을 수상했다.

Superconductivity

완전반자성
– 마이스너(Meissner) 효과

프리츠 발트 마이스너
Fritz Walther Meissner, 독일 출생, 물리학자

초전도체를 완전반자성체라고 한다. '완전반자성(完全反磁性, Perfect diamagnetism)'이란 글자 그대로 완전히(100%) 자성에 반대한다는 뜻이다. 반자성 물질이 전부 초전도체는 아니다. 금속이나 물, 유리에도 자성을 반대하는 성질이 있다. 하지만 이들의 반자성 힘은 매우 약하다. 100% 자성을 반대하는 물질은 오직 초전도체뿐이다. 초전도체는 자기 주변에 자기장이 있으면 배척한다. 외부의 자기장에 반발할 뿐 아니라 초전도체 안에 들어와 있는 자기장을 밖으로 몰아낸다. 초전도체는 이렇게 말한다.

"나는 자기장이 싫어. 옆에 다가오는 것도 싫고, 내 안에 들어와 있는 것도 싫어. 난 자기장이 있으면 무조건 밀어낼 거야."

우리는 완전반자성 현상을 실험실에서 간단히 시연할 수 있다. 액체질소 온도 이상에서 초전도가 되는 초전도체(산화물 고온 초전도체)를 액체질소로 냉각해서 초전도 상태에 도달하게 한 다음, 영구자석 위에 올려놓으면 자석 위의 공간에 초전도체가 부상한다. 이 현상을 완전반자성에 의한 마이스너 효과(Meissner effect)라고 부른다. 초전도 현상은 '저항제로'로 잘 알려져 있다. 초전도체에는 저항제로와 더불어 한 가지 더 특별한 성질이 있는데, 그것은 자성에 반대하는 완전반자성 현상이다. 이 현상은 '저항제로' 때문에 나타나는 현상이 아니다. 저항제로와는 전혀 무관한 초전도 현상의 다른 모습이다.

초전도의 완전반자성 현상은 오네스가 저항제로를 발견한 20년 후인 1933년에 독일의 물리학자 마이스너*와 그의 제자인 옥센펠트(R. Ochsenfeld)에 의해 처음 발견되었고, 그의 이름을 따서 '마이스너 효과'라 부른다.

F. W. Meissner, 1882–1974

마이스너는 베를린에서 출생했다. 그는 베를린 기술대학(Technical University of Berlin)에서 기계공학과 물리학을 공부했다. 그의 지도교수는 막스 프랑크*다. 마이스너는 1922년부터 1925년까지 3년 동안 세계에서 세 번째로 큰 헬륨액화기를 제작하는 일에 참여했다.

* Max Karl Ernst Ludwig Planck, 1858-1947, 독일의 이론물리학자, 양자역학의 주창자, 1918년 노벨 물리학상 수상

1933년에 마이스너와 옥젠펠트는 고순도의 주석과 납 단결정을 만들어 초전도 상태에서의 자기장 변화를 연구하고 있었다. 두 사람은 냉각용기에 액체헬륨을 채우고 초전도 물질인 납(Pb) 또는 니오비움(Nb)로 만든 접시를 넣어 냉각했다. 그리고 그 위에 페라이트(Ferrite)로 만든 가벼운 영구자석을 놓았다. 자석은 접시의 바닥에 닿지 않고 접시 위 임의의 공간에 떴다. 납 접시를 극저온인 액체헬륨에 넣으면 납의 온도가 떨어져서 납 접시는 저항이 없는 초전도 상태가 된다. 초전도 상태가 된 납 접시는 페라이트 영구자석의 자력에 반발하므로 영구자석이 납 접시 위에 뜨게 된다. 납 접시가 상전도 상태가 되면 자석은 접시 바닥에 떨어지고, 접시가 초전도 상태로 되면 다시 공중으로 부상한다. 초전도체인 납 접시는 영구자석에서 나오는 자기력선을 통과시키지 않고 밖으로 밀어낸다. 초전도 상태의 물체(납 접시)에 자기장이 통과하지 못하고 배척되는 이유는 납 접시가 초전도 상태에 도달하면 자기장을 완전히 밀어내는 완전반자성 상태가 되기 때문이다.

'그런데 마이스너가 아주 간단한 실험으로 초전도체의 완전반자성을 알아낼 때까지 다른 연구자들은 왜 이 현상을 관찰하지 못했을까?'(완전반자성을 발견하기까지 오네스의 저항제로로부터 20년이란 세월이 걸렸다.)

초전도 상태에서 초전도체 내부에 자기장이 남아 있는지, 제로인지는 시편의 자기장을 측정하면 쉽게 알 수 있다. 초전도 현상을 최초로 발견한 오네스의 라이덴 대학에서 마이스너의 실험과 유사한 실험이 여러 번 진행되었지만, 그때마다 초전도체에 자기장이 조금 남아 있는 결과가 얻어졌다. 오네스의 연구팀은 초전도 현상이 저항이 제로라는 점에만 집중하고 있었고, 또 연구팀

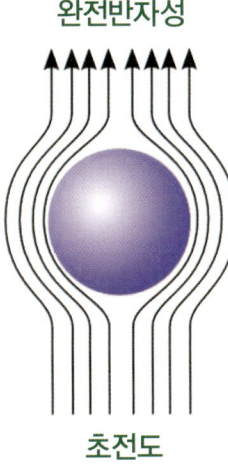

완전반자성   자력 통과

초전도   상전도

● 자기장이 통과하지 못하는 초전도 상태(상부 왼쪽)와 자기장이 물체를 통과하는 상전도 상태(상부 오른쪽)에서의 자력의 흐름도. 초전도 임계온도 이하에서는 완전반자성, 이상에서는 상전도 상태가 된다. 초전도 상태에서는 자력이 초전도체 안으로 침투하지 못할 뿐만 아니라 내부에 있는 자력도 밖으로 밀려난다. 온도가 올라 초전도 상태에서 벗어나면 초전도체는 자석 쪽으로 가라앉는다(아래 사진들). 상전도 상태에서는 초전도체 안으로 자력이 통과한다. 완전반자성에 의한 마이스너 자기부상 현상은 저항제로와 더불어 초전도를 대표하는 성질이다.

완전반자성 – 마이스너(Meissner) 효과

이 제작한 시료는 마이스너가 제조한 단결정 시료에 비해서 불순물이 상대적을 많았기 때문이었다. 시료에 불순물이 있으면 초전도 상태가 아닌 지역(불순물이 존재하는 곳)이 생기고, 그곳으로 자기장이 들어가서 잡히게 된다. 오네스 연구팀의 초전도 시료에는 불순물에 의한 자기장이 존재하기 때문에 자기장 제로의 완전반자성을 알기 어려웠던 것이다.

'그러면 완전반자성 현상이 나타나는 이유는 무엇일까?'

저항이 제로인 금속이 있다고 생각해 보자. 이런 도체를 완전도체(Perfect conductor)라고 부른다. 완전도체에 외부에서 자기장을 걸어주면 렌츠●의 법칙에 의해 도체에 전류가 유도된다. 이 유도전류는 도선의 표면에서 자속의 변화를 방해하는 방향으로 흐르며, 외부 자기장과 크기는 같고 방향이 반대인 자기장을 만든다. 도선에 유도된 자기장은 외부의 자기장이 도체 내부로 침투하는 것을 막는다. 따라서 완전도체는 외부자기장을 반발하는 힘을 갖는다. 일반 도체에는 자기장이 생기더라도 저항 때문에 곧 소멸한다.

렌츠의 법칙을 저항이 제로인 초전도체에 적용해 보자. 초전도체에 외부 자기장(영구자석)이 다가오면 그 자기장을 상쇄하기 위해 초전도체에 유도전류(차폐전류라고 부름)가 생기고, 유도전류에 의해 초전도체에 자기장이 생긴다. 일반 도체에 생성된 자기장은 자체 저항 때문에 소멸되지만 저항이 없는 초전도체에 한번 형성된 자기장은 그대로 유지된다. 초전도체에 형성된 자기장이 외부 자기장을 밀어낸다. 즉 마이스너 효과는 초전도체에 유도된 자기장이 영구자석의 자기장을 반발하기 때문에 생기는 현상이다. 여기까지는 초전도체와 완전도체가 동일하다.

'그러면 완전도체와 초전도체의 차이점은 무엇인가?'

완전도체는 저항이 제로인 도체다. 완전도체는 실제로 존재하지 않는 가상의 도체로 저항제로의 초전도 현상을 설명하기 위해 도입된 개념이다. 초전도 현상을 발견할 당시에는 초전도체의 특성이 저항제로에만 있다고 생각했었다. 완전도체

● Heinrich Friedrich Emil Lenz, 1804–1865, 러시아의 과학자

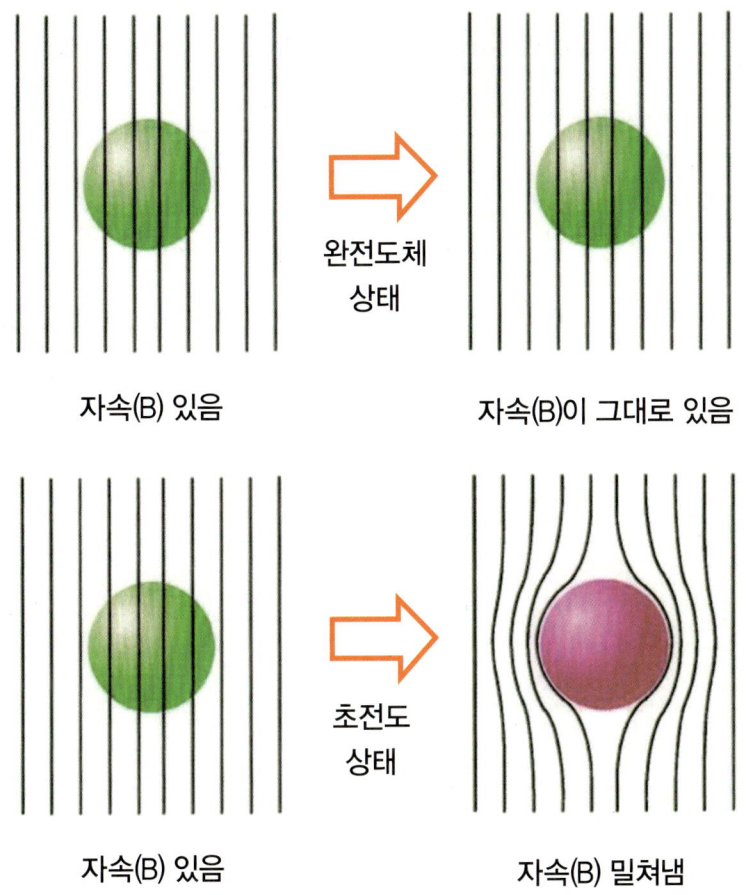

- 완전도체(상부)와 초전도체(하부)는 저항이 제로라는 점에서는 같다. 내부에 자기장(자속)이 있는 상태에서 완전도체가 저항제로 상태가 되면 도체 내부에 자기장이 그대로 남는다(자속이 일정). 반면에 내부에 자기장이 있더라도 초전도 상태가 되면 자기장은 밖으로 밀려난다(자속이 제로). 완전도체는 저항제로만을, 초전도 상태는 저항제로와 자속제로를 가진다.

완전반자성 – 마이스너(Meissner) 효과

와 초전도체는 둘 다 저항이 제로인 관점에서는 같다. 그런데 도체 내부에 자기장이 이미 있는 경우라면 상황은 전혀 다르게 전개된다.

도체 내부에 이미 자기장이 있는 경우를 생각해 보자. 도체에 자기장을 넣은 다음에 완전도체 상태로 만들어 주면 도체에 들어간 자기장은 외부로 빠져나오지 않고 내부에 그대로 있게 된다. 다시 말해, 완전도체 상태라 하더라도 도체 내부에 이미 자기장이 침투해 있다면 내부 자기장 값은 보존된다(일정하다. 처음에 있던 자기장이 그대로 남아 있다). 반면에 초전도 상태에서는 내부에 들어와 있는 자기장과 외부의 자기장이 모두 초전도체 밖으로 밀려난다. 따라서 초전도체 내부의 자기장은 무조건 제로가 된다. 이 점이 단순히 전기저항만이 제로인 완전도체와 저항제로와 완전반자성(자속제로)을 동시에 갖는 초전도체의 차이다.

마이스너가 초전도 연구를 할 당시에는 액체헬륨을 냉매로 사용해서 초전도체의 완전반자성을 관찰했었다(그때까지 발견된 초전도 물질의 초전도 임계온도가 매우 낮았다). 헬륨은 지구상에서 매우 희소한 원소이고, 구한다 하더라도 저온을 얻으려면 액체로 만들어야 한다. 따라서 헬륨 액화기가 있는 소수의 연구기관에서만 초전도체의 마이스너 효과실험을 할 수 있었다. 1986년 베드노르즈와 뮬러의 산화물 초전도체 발견 이후에 액체질소 온도 이상에서 초전도가 되는 고온 초전도체가 발견됨으로써 이제는 초전도체와 액체질소만 있으면 일반 실험실에서도 마이스너 효과를 관찰할 수 있다.

● **초전도체의 마이스너 효과(1)** 네오디뮴(Nd-B-Fe) 영구자석 위의 공간에 고온 산화물 초전도체가 부상한 사진이다. 마이스너 효과는 영구자석 위의 공중에 초전도체를 띄우거나 초전도체 위에 영구자석을 띄워서 시연한다. 초전도체가 부상하는 높이는 영구자석의 자력세기와 초전도체에 흐르는 전기량에 비례한다.

완전반자성 - 마이스너(Meissner) 효과

● **초전도체의 마이스너 효과(2).** 왕관 모양의 네오디뮴(Nd-B-Fe) 영구자석이 액체질소로 냉각한 고온 산화물 초전도체 위의 공간에 부상한 사진이다. 왕관은 7개의 영구자석 구와 한 개의 고리 모양 영구자석을 결합해서 만들었다. 이 상태에서 초전도체의 온도만 계속 유지되면 왕관 모양의 영구자석은 오랫동안 떠 있을 수 있다.

Superconductivity

실망스러운
제1종 초전도체

자력이 수백 가우스(Gauss) 정도인 말굽자석
오네스가 발견한 초전도체는 말굽자석의 자기장에도 견디지 못했다. 약한 자기장에서 초전도 현상이 사라지는 단원소 초전도체를 제1종 초전도체라 한다.

초전도 현상을 처음 발견한 오네스는 저항제로라는 특별한 현상이 에너지 산업을 혁신적으로 바꿀 것이라고 기대했었다.

'초전도체는 저항이 제로이니까 초전도체로 도선을 만들면 저항으로 인해 사라지는 에너지는 없을 것이고, 결국 도선에 무한의 전기를 흘릴 수 있을지도 모르겠군. 또한 초전도선을 감아서 자석을 만들면 거대 자기장을 발생시킬 수 있을 것이다. 이것이 실현된다면 초전도 현상은 인류의 에너지 산업에 혁신을 가져다줄 것이야.'

그는 저항이 없는 초전도선으로 만든 폐쇄형(Closed) 회로에 전기를 흘리는 실험을 통해 전기손실이 제로가 됨을 확인하고자 했다. 그것은 초전도선에 영원히 전기가 흐를 수 있음을 증명하는 실험으로 1914년에 진행되었다. 오네스는 납으로 고리 모양의 전기회로를 만들어 외부에서 자기장을 가해 납선에 유도전류가 흐르도록 했다. 외부에서 자기장에 변화가 있으면 그것으로 인해 도선에 전류가 유도되는 패러데이*의 전자기 유도법칙을 이용한 실험이었다. 오네스는 납 회로를 액체헬륨으로 냉각한 다음에 외부에서 회로에 자기장을 가했다. 보통의 도체에서는 전기저항 때문에 1초 정도의 짧은 시간이면 자기장에 의해 유도된 전류가 사라진다. 이에 비해 저항이 없는 초전도선에는 유도된 전기가 계속해서 흐를 수 있다. 그의 연구팀은 실험을 통해 초전도선에 유도된 전류가 24시간 동안 감소하지 않고 흐르는 것을 확인했다. 외부 자기장 변화에 의해 유도된 전기가 도선에 흐르면 유도전류에 의해 자기장이 발생한다. 오네스는 자기장이 만들어지는지를 확인하고자 회로의 밖에 나침반을 설치했다. 초전도 상태에 있는 납선에 자기장 변화로 전류가 유도되었고, 이 유도전류에 의한 자기장으로 인하여 남북을 가리키던 나침반이 동서로 흔들렸다. 이 실험으로 오네스는 손실 제로의 초전도 회로를 만들 수 있음

* Michael Faraday, 1791–1867, 영국의 과학자

을 확신했다.

'전기손실 제로' 실험의 다음 순서로 오네스 연구팀은 '무한대의 전기송전'을 기대한 실험을 진행했다. 초전도체에 얼마나 많은 전류를 흘릴 수 있는지를 알고자 초전도 물질로 도선을 만들어 전기를 흘려 보았다. 이것이 실현된다면 초전도 기술로부터 엄청난 에너지를 얻을 수 있다. 에너지를 얻는 과정에는 어디에나 손실이 발생한다. 예를 들어, 발전소에서 만들어진 전기 중의 5-6%가 주택이나 산업체로 운송중에 저항에 의해서 사라진다. 초전도선을 사용하여 전기를 운송하면 저항으로 인해 발생하는 에너지 손실을 줄일 수 있고, 이는 천문학적인 경제적 이득으로 연결된다. 구리선을 사용하는 전동기나 발전기, 자석 같은 에너지 기기들을 초전도선으로 제작한다면 기기의 에너지 효율을 높일 수 있다. 또한 초전도선은 일반 도체보다 전기가 많이 흐르기 때문에 기기를 제작할 때 도선의 길이를 획기적으로 줄일 수 있기 때문이다(기기의 소형화). 오네스는 이런 기대감을 가지고 초전도선에 전기량을 증가시키면서 전류를 흘리는 실험을 진행했다.

"납과 주석은 초전도가 되는 물질로 판명이 되었어. 이러한 금속 물질을 가느다란 선으로 만들어 사용한다면 꿈과 같은 무한송전의 고효율 전기산업을 실현할 수 있을 것이야."

오네스는 지금까지 누구도 달성하지 못했던 10만 가우스(Gauss)*(10테슬라[Tesla])의 거대 자기장을 초전도 코일에서 발생시킬 수 있다는 희망을 가졌다. 하지만 오네스는 무한송전 실험에서 기대한 만큼의 결과를 얻지 못했다. 초전도선에는 무한의 전기가 흐르지 않았고, 어느 한계 이상의 전기량에서 초전도 현상이 사라졌다. 초전도체에 저항이 발생해서 일반 도선과 유사한 상전도 상태가 된 것이었다.

'저항이 제로라면 전기가 흐를 때 아무런 방해가 없다는 것인데, 왜 일정한 전기량 이상에서 초전도 상태가 깨지고 저항이 발생하는 것이지?'

● 가우스(Gauss, G)는 자기장(B)의 CGS(cm, g, sec) 단위이다. 1cm²의 단면에 1맥스웰(Mx)의 자기선속이 통과할 때의 자기장을 1가우스라고 한다. 국제단위계에서 자기장의 단위는 테슬라(Tesla, T)이며, 1테슬라는 10,000가우스다.

'오네스가 기대한 바와는 달리 왜 초전도체에는 무한의 전기가 흐르지 않았을까?'

연구자들은 나중에 어느 도체든 전기가 흐르면 전류에 의해 자기장이 형성되고, 이 자기장이 마치 저항과 같이 초전도 전류를 방해한다는 사실을 알게 되었다. 전기량이 크면 도체에 유도되는 자기장이 커져서 어떤 한계 자기장 이상에서는 더 이상 초전도 전류가 흐르지 못한다. 오네스는 자신이 만든 초전도선에 전기가 많이 흐르지 않는 걸 보고 매우 실망했다.

'실망이야. 초전도선의 전기저항은 제로이지만 도선에 전기가 많이 흐르지 않아. 일정 전기량 이상에서 초전도 현상을 방해하는 알지 못하는 어떤 힘이 있어. 이렇게 약한 자기장에서 초전도 상태가 깨지면 이 재료를 산업에 활용하기는 힘들지. 초전도선에 전기를 많이 흘려야 초전도 응용이 가능한데 이 정도 전기량은 너무 작아. 이 상황에서는 내가 기대한 에너지 손실이 없는 장거리 송전이나 코일 형태의 강한 자석을 만들기는 어렵겠군.'

오네스는 초전도체에 흘릴 수 있는 전기량이 주변 자기장에 대해 민감한 것을 알게 되었다. 그는 초전도 전류 흐름이 자기장에 대해 어떻게 변하는 지 알고자 자기장을 변화시키면서 초전도선에 전류를 흘려 보았다. 실험을 반복하면서 어떤 특정 자기장 이상에서는 초전도 전류가 더 이상 흐르지 않는 것을 발견했다.

'초전도체는 저항이 제로인 초전도 상태와 저항이 있는 상전도 상태, 두 가지로 나뉘는군. 어떤 자기장 이상에서 갑자기 초전도 상태가 깨지고 저항이 있는 상전도 상태가 되고 있어. 수백 가우스의 막대자석의 작은 자기장에서도 초전도 상태가 깨지니 이를 극복하지 못하면 초전도체를 산업에 활용하기는 어렵겠군.'

오네스는 제1차 세계대전이 일어나기 전까지 자기장을 극복하는 연구에 많은 시간을 보냈다. 그가 원하는 것은 여전히 수 테슬라의 강력한 초전도 자석이었다. 하지만 그는 살아서 그 꿈을 이루지 못했다. 그의 꿈이 실현되는 데는 수십 년의 시간이 필요했고, 오네스 사망 이후 40년이 지나서야 고자기장에서 사용할 수 있는 제2종 초전도체가 발견됨으로써 다른 연구자에 의해 그 꿈의 일부가 실현되었다.

초전도 현상은 자기장과 매우 밀접한 관계를 갖는다. 초전도체가 외부 자기장에 대해 어떻게 반응하느냐에 따라 제1종 초전도체와 제2종 초전도체로 나누어진다. 제1종 초전도체는 외부 자기장이 어떤 값 이상이 되면 갑자기 초전도 상태가 깨져 상전도체가 된다(초전도-상전도). 마치 물속에 있는 공이 수압을 견디지 못하고 일정 수압 이상에서 갑자기 터지는 것과 같다. 제1종 초전도체가 견딜 수 있는 자기장은 막대자석의 수백 가우스 정도로 매우 작다. 제2종 초전도체는 외부 자기장이 어떤 값 이상이 되더라도 초전도 상태가 갑자기 깨지지 않는다. 대신 자기장(자속)의 일부가 초전도체 내부로 침투하는 것을 허락한다. 공에 작은 구멍들이 있어서 그곳으로 물이 조금씩 흘러 들어오는 것과 유사하다. 이 상태에서는 공이 터지지 않는다. 자기장이 초전도체 내부로 침투하며 저항제로의 초전도 상태와 자력이 침투하는 상전도 상태가 공존하는(초전도 + 자기장) 혼합상태가 된다. 외부 자기장이 더욱 커져 초전도체가 자기장을 견딜 수 없는 상태가 되면 초전도 상태가 파괴된다.

수은, 납, 주석 등의 고순도 단원자 물질들은 주로 제1종 초전도체이고, 합금이나 산화물 화합물은 제2종 초전도체다. 초전도 기기는 대부분 자기장이 큰 외부 환경(초전도 자석이나 의료용 MRI 등)에서 사용된다. 제2종 초전도체는 수-수십 테슬라의 높은 자기장에서도 안전하게 사용할 수 있다. MRI 자석에 사용되고 있는 합금 화합물 초전도체(예: $NbTi$, Nb_3Sn, MgB_2)와 고온 초전도 물질(예: 희토류 $REBa_2Cu_3O_{7-y}$, 비스므스계 등 산화물)은 모두 제2종 초전도체에 속한다.

Superconductivity

제2종 초전도체, 자기장과 타협하다

알렉세이 아브리코소프
Alexei A. Abrikosov, 제2종 초전도체를 제안한 러시아 출신의 물리학자

오네스는 '제로저항, 무한송전' 실험을 통해 특정온도에서 저항이 제로가 되는 납이나 수은과 같은 물질에 전기가 그다지 많이 흐르지 않는다는 사실을 알게 되었다. 이유는 알 수 없었지만 납이나 수은으로 만든 도선에 아주 약한 자기장(수백 가우스)을 가하자 초전도 상태가 깨졌다. 납뿐만 아니라 초전도 현상의 발견 이후에 과학자들이 찾아낸 많은 초전도 물질들(대부분이 단원소[單原素] 물질, 납[Pb], 수은[Hg]과 같이 한 가지 원소로 된 물질)도 대부분 약한 자기장에서 초전도 상태가 깨졌다. 그들의 실험에 사용된 시료는 제로저항 확인을 위해 특별히 제작한 불순물을 없앤 고순도의 시료였다. 만일 시료에 불순물이 어느 정도 들어 있었다면 다른 결과를 얻었을지도 모른다.

'이렇게 약한 자기장에도 견디지 못하다니… 과연 높은 자기장에서도 견디는 초전도 물질이 우주에 존재하는 것인가?'

초전도체에 흘릴 수 있는 전기량에 한계가 있다는 사실에 실망하기는 했지만 연구자들은 자기장 한계를 극복하고자 초전도 물질의 전기량과 외부 자기장에 대해 꾸준히 연구를 진행했다. 오네스 이후에 초전도 이론 연구에서 가장 괄목할 만한 성과를 달성한 과학자는 구소련의 물리학자인 란다우[•]다. 그는 긴즈버그[••]와 함께 초전도-자기장의 관계를 설명하는 아이디어를 제안했다. 긴즈버그와 란다우는 쿠퍼의 전자쌍으로 초전도 현상을 설명한 BCS 이론(1957년 발표)이 발표되기 이전인 1950년에 초전도체의 기본적인 성질을 설명하는 긴즈버그-란다우(Ginzburg-Landau, GL) 이론을 만들었다. GL 이론에서는 자기장의 침투 깊이와 전자들의 상호 간섭하는 거리의 관계가 자기장이 초전도체 내부로 침투할 수 있는지를 결정한다. GL 이론으로 초전도-상전도의 상태 변화를 갖는 제1종 초전도체의 초전도 현상을 설명할 수 있다.

[•] Lev Davidovich Landau, 1908–1968. 초전도 반자성과 초유동 등 이론 물리의 다양한 영역에 기여함이 크다.

[••] Vitaly Ginzburg, 1916–2009. 유태계 구소련의 이론 물리학자

단원소 초전도체보다 상대적으로 높은 자기장에서 초전도가 되는 새로운 물질이 1935년 우크라이나 카코프(Kharkov) 대학의 슈브니코프(Lev V. Shubnikov)에 의해 납-인듐(Pb-In)의 합금계 단결정에서 처음 실험적으로 관찰되었다. 그의 논문에서 주목할 만한 점은 그가 사용한 시료가 단원소가 아닌 두 금속이 결합한 화합물 합금이라는 점이다. 슈브니코프는 그의 논문에서 이 합금 초전도체에 두 개의 자기장 한계가 존재한다고 보고했다.

"첫 번째 자기장 한계까지 자기장이 초전도체로 침투하지 못하지만 자기한계를 지나면 자기장이 초전도체 안으로 들어갑니다. 제법 큰 자기장 환경에서도 이 합금은 여전히 초전도 상태를 유지합니다. 이후에 자기장이 더 커지면 초전도 현상이 완전히 사라집니다."

슈브니코프의 연구결과가 초전도체의 자기장 한계에 관한 새로운 결과를 포함하고 있음에도 불구하고 그의 논문은 그다지 많은 관심을 끌지 못했다. 그의 논문 발표 시점으로부터 10여 년이 지난 1952년에 러시아의 물리학자인 아브리코소프*가 그의 연구결과**에 주목했다. 아브리코소프는 유태계 러시아 과학자로 GL 이론을 만든 란다우의 제자다.

아브리코소프는 초전도 안으로 침투하는 자속선에 대한 이론을 정리해서 자신의 스승인 란다우에게 이야기했다. 란다우 교수는 구소련 시절인 1962년에 노벨 물리학상을 수상한 소련을 대표하는 이론 물리학자다. 그는 미국의 저명한 노벨 물리학상 수상자인 파인만***교수와 함께 과학자로서의 삶과 학문 활동에서 자주 비교되고 있는 인물이다.

"선생님, 초전도-자기장에 대한 제 생각은 이렇습니다. 외부 자기장이 어떤 한계 이상이 되면 자기장이 초전도체 안으로 침투합니다. 그것은 런던(London) 방정식의 자기침투 깊이와 선생님과 긴즈버그 박사님이 제안하신 전자상호간 간섭거리로 설명할 수 있습니다. 약한 자기장에서는 자기장이 침투하는 깊이가 아주 작습니다. 이제까지 발표된 초전도 현상은 초전도-상전

* Alexei A. Abrikosov, 1928–

** 초전도체 안으로 큰 자기장이 들어갔는데도 초전도 상태가 깨지지 않음

*** Richard P. Feynman, 1918–1988

도의 두 가지 상태로만 되어 있습니다. 그런데 슈브니코프가 10여 년 전에 발표한 결과에 따르면, 합금 초전도체에서는 초전도-자기장 관계가 조금 복잡합니다. 그가 만든 납-인듐에는 두 개의 자기장 한계가 있습니다. 저는 슈브니코프의 합금형 초전도체를 제2종 초전도체라고 부르고 싶습니다. 제2종 초전도체에서는 1차 자기장 한계 이상에도 초전도 상태가 유지됩니다. 그 이상의 자기장에서는 초전도 상태와 초전도 안으로 침입한 자기장이 만드는 상전도 상태가 섞여 있습니다(초전도+상전도 혼합상태). 자기장은 양자화될 수 있으므로 3차원 공간에서는 선으로 표시될 수 있고, 2차원 평면에서는 점으로 보이겠지요. 자기장은 두께가 없는 자속선 형태로 초전도 내부로 침투합니다. 자속선 주변에는 자기력에 의한 유도전류가 흐릅니다. 이 지역을 소용돌이 격자(Vortex)라고 부르도록 하겠습니다. 소용돌이 격자들은 초전도체 내에 무질서하게 있는 것이 아니라 적당한 거리를 유지하고 서로 밀치게 됩니다. 제 계산에 의하면, 소용돌이 격자는 초전도 격자 안에서 육각형 형태의 규칙적인 구조를 갖습니다. 이것이 제가 제안하는 제2종 초전도체입니다."

아브리코소프의 이야기를 들은 란다우 교수는 잘 이해가 되지 않는다며 그의 의견을 무시했다.

"아브리코소프군, 나는 자네가 제시한 제2종 초전도체의 개념이 잘 이해가 되지 않아. 그 (초전도+상전도) 혼합상태와 그때의 자기격자의 움직임(소용돌이 격자) 말이야."

지도 교수인 란다우 교수의 반응에 실망한 아브리코소프는 자신의 생각을 적은 논문을 조용히 연구실 책상 서랍 속에 집어넣었다. 아브리코소프가 제안한 소용돌이 격자*는 자기장이 초전도 내부로 침투해서 만들어지는 것으로, 이 이론은 1953년에 완성된 것이지만 그의 스승인 란다우 교수가 그 개념을 인정하지 않아서 1957년까지 발표를 미루게 되었다.

* 제안자의 이름을 따서 "아브리코소프 보르텍스(Abrikosov vortex)"라 부른다.

시간이 지난 후에 아브리코소프는 그가 제안한 제2종 초전도체의 자기장의 개념을 란다우 교수에게 다시 이야기했다. 그때는 미국의 파인만 교수가 1955년에 회전하는 초유체인 액체헬륨에서의 초격자 결과를 발표한 후였다. 아브리코소프는 매우 낮은 온도에서 액체헬륨이 저항 없이 벽을 타고 이동하는 초유동 현상●에서 영감을 받았다고 한다. 초유동과 초전도 현상은 모두 양자역학적인 현상이다. 초유동 현상은 2003년 아브리코소프와 노벨 물리학상을 공동으로 수상한 영국의 과학자 안소니 레깃●●에 의해 설명되었다. 란다우 교수는 파인만의 초유동 현상에 대한 연구결과를 매우 훌륭하다고 평가하고 있었다.

● Superfluidity, 액체의 점성 저항이 0이 되는 현상으로 액체헬륨은 2.2K(약 −271°C) 이하에서 초유동 상태가 된다.

●● Anthony J. Leggett

"선생님, 제가 생각하는 혼합영역에서의 소용돌이 격자이론은 파인만 선생님이 제안한 초유동 현상과 유사한 부분이 있습니다. 왜 교수님은 파인만 선생의 논문에 대해서는 감명을 받았다고 하면서 제 이론에 대해서는 관심을 가져주시지 않으십니까?"

그제서야 란다우 교수는 제자인 아브리코소프의 의견을 경청하고 유익한 충고를 해주었다고 한다. 아브리코소프는 서랍 속에 넣어두었던 논문을 꺼내어 〈제2종 초전도체에서의 자기성질〉●●●이란 제목으로 1957년 *Soviet Physics JETP*에 논문을 발표했다.

●●● On the magnetic properties of superconductors of the second group

아브리코소프의 논문이 발표되었지만 그의 논문이 학계에서 관심을 불어 일으키기까지는 많은 시간이 필요했다. 1950년대는 미-소 냉전시대로 정치적으로 공산진영과 서구진영이 극렬하게 대립하던 시대였다. 당시 미국에서는 러시아어로 쓰여진 자료들은 모두 쓰레기통에 버려지고 있었다. 미-소의 냉전은 양 국가의 학문의 교류의 단절을 가져왔고, 그로 인해 전세계 과학의 발전이 늦어지게 되었다. 1957년에 발표된 초전도 현상을 이론적으로 설명한 BCS 이론이 1972년에 노벨 물리학상을 받게 되자 구소련의 과학자들은 냉소적 반응을 보였다고 한다.

● 비커의 물에 공을 넣어보자. 공을 초전도체, 물을 자기장이라고 하자. 공을 물에 넣으면 공의 표면은 수압을 받는다. 어느 정도까지 수압을 견디겠지만 어느 한계(H_c)를 넘으면 공은 한순간에 터진다. 이 상황은 제1종 초전도체에서의 초전도-자기의 관계를 잘 설명한다. 이번에는 공의 표면에 작은 압력에서는 물이 통과하지 못하는 아주 작은 구멍들이 있다고 생각해 보자. 공은 일정 수압까지 압력을 견디지만 수압이 어느 정도 이상(H_{c1})이 되면 공에 나 있는 작은 구멍들을 통해 물이 공 내부로 조금씩 흘러 들어간다. 공 내부는 공을 이루는 물질과 물이 혼합된 상태가 된다. 이 상태가 (초전도 + 자기장)의 혼합상태다. 이후에 공이 견딜 수 없을 정도로 수압이 매우 커지면 공이 터진다. 제2종 초전도체의 임계자기장(H_{c2})에서의 상황이다.

"같은 전하를 갖는 전자들이 서로 잡아당길 수 있음은 BCS 이론 이전에 프로히리히에 의해 제안된 바 있고, 기본적인 초전도-자기장 상태는 긴즈버그-란다우(GL) 이론으로 대부분 설명할 수 있는데, BCS 이론을 초전도 현상을 설명하는 새로운 이론이라고 할 수 있는가. 초전도 이론에 대한 공로라면 긴즈버그와 란다우가 노벨 물리학상을 받아야 마땅하다고 본다."

구소련 과학자의 반발에 대해 미국의 물리학자들은 BCS 이론을 매우 독창적인 이론이라며 바딘-쿠퍼-슈리퍼의 노벨 물리학상 수상을 옹호했다.

"전자가 쌍을 이루어 움직인다는 BCS 이론은 매우 독창적인 이론입니다. BCS 이론은 초전도 현상의 모든 것을 설명할 수 있습니다."

1950년의 제1종 초전도체에서의 자기장 움직임에 관한 란다우-긴즈버그의 논문과 1952년의 제2종 초전도체에서의 소용돌이 자기장에 관한 아브리코소프의 논문은 러시아어로 작성된 것이었다. 1957년의 아브리코소프의 논문은 1953년부터 영어로 출간된 소련 학술지인 *Soviet Physic JETP*에 발표되었다. 이후에 제2종 초전도 물질들이 속속 발견되었고, 그의 이론에 대한 실험적인 증명이 있은 후에 비로소 아브리코소프의 논문은 학계의 주목을 받게 되었다.

제2종 초전도체의 원리를 설명하는 소용돌이 자기격자를 제안한 아브리코소프는 그의 논문 발표 후 45년이 지난 2003년에 러시아의 긴즈버그, 영국의 레깃과 함께 노벨 물리학상을 수상했다. 제2종 초전도체를 실험적으로 발견한 슈브니코프는 전쟁에 희생되어 아쉽게도 발견자로서의 영예를 누리지 못했다. 노벨 물리학상을 받을 당시 아브리코소프는 미국 아르곤 국립연구소(Argonne National Laboratory)의 연구원으로 일하고 있었다. 다음은 2003년 노벨 물리학상 수상식에서 노벨상 위원회가 발표한 내용 중 아브리코소프의 업적에 대해 발췌한 부분이다.

"초전도 현상이 발견되자마자 과학자들은 이 현상이 현대산업에서 매우 광범위

THE DIRECT OBSERVATION OF INDIVIDUAL FLUX LINES IN TYPE II SUPERCONDUCTORS

U. ESSMANN and H. TRÄUBLE

*Institut für Physik am Max-Planck-Institut für Metallforschung, Stuttgart and
Institut für theoretische und angewandte Physik der Technischen Hochschule Stuttgart*

Received 4 April 1967

Triangular flux line lattices have been observed by electron microscopy on Pb-4at% In and niobium specimens in the remanent state. These lattices contain various kinds of defects.

The Abrikosov solution [1] of the Ginsburg-Landau equations [2] for the mixed state of type II superconductors predicts a periodic arrangement of flux lines (flux line lattice) penetrating the specimen parallel to the applied field. Neutron diffraction studies [3,4] on niobium and nuclear magnetic resonance studies on vanadium [5] give evidence for the existence of a close packed arrangement of flux lines.

In this paper we present results on the flux line arrangement obtained by sirect observation of individual flux lines. As was shown in previous papers [6-8], the magnetic structures on the surfaces of ferromagnets and superconductors can be revealed with a resolution of about 500 Å or better by depositing small ferromagnetic particles on the specimen and observing the resulting patterns in the electron microscope by means of a replica technique.

We report here the magnetic structures of Pb-4at%In (κ = 1.35 at 1.1°K [8]) and niobium in the remanent state at 1.1°K based on observations on the end surfaces of well-annealed mono- or polycrystalline rods (4 mm diameter, 50 mm length) that had been magnetized parallel to the rod axis in a field of 3000 Oe. Parts of the surfaces exhibited a quite well defined triangular lattice of "points of exit" of the magnetic flux (fig. 1). In polycrystalline Pb-4at%In the lattice parameter (nearest neighbour separation) is a = 3500 Å. If each of the indivudual spots is as-

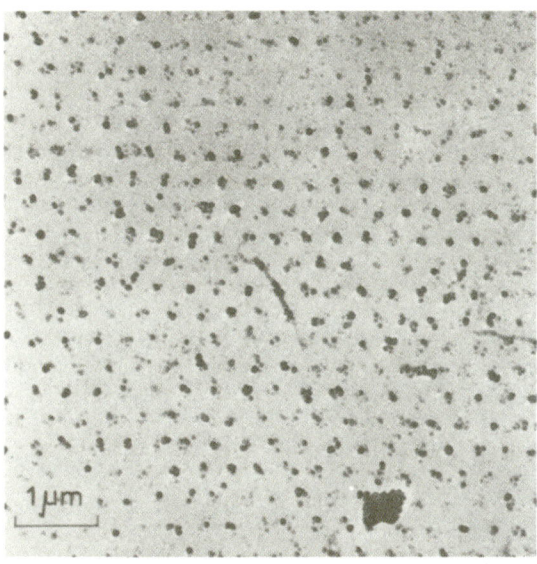

Fig. 1. "Perfect" triangular lattice of flux lines on the surface of a lead-4at%indium rod at 1.1°K. The black dots consist of small cobalt particles which have been stripped from the surface with a carbon replica.

한 중요성을 가지게 될 것이라는 점을 감지할 수 있었습니다. 예를 들어, 초전도선으로 코일을 만들면, 에너지 손실이 없는 강력한 전자석을 만들 수 있을 것입니다. 그러나 불행하게도 초전도체는 매우 약한 자기장 속에서도 보통의 금속으로 돌아가 버리고 말았습니다. 초전도성과 자성을 동시에 수용해서 강한 자기장 속에서도 초전도성을 유지하는 새로운 형태의 초전도체가 곧이어 발견되었습니다. 이렇게 만들어진 초전도 자석은 현대 사회에서 대단히 중요한 역할을 합니다. 초전도체는 의료진단기나 입자물리학자들이 사용하는 거대가속기의 고해상도 자기 영상장치에 사용되고 있습니다.

올해(2003년) 수상자 중 비탈리 긴즈버그와 알렉세이 아브리코소프 두 분은 어떻게 초전도성과 자성을 동시에 수용할 수 있는지를 이해하는 데 결정적인 기여를 했습니다. 긴즈버그는 레프 란다우와 함께 초전도성이 어떤 임계전기장이나 자기장에서 사라지는 현상을 전보다 훨씬 자세히 기술할 수 있는 이론을 만들었습니다. 그들은 깊은 물리적 통찰을 통해 초전도체에서의 질서도를 결정할 수 있는 수학식을 만들어냈습니다. 그들의 식은 그 당시에 초전도체로 알려진 물질에서 측정된 값들과 잘 일치하는 것이었습니다. 특히, 강조하고 싶은 점은 긴즈버그-란다우 이론의 전개 방식의 타당성이 광범위한 분야에서 적용될 수 있어서, 현대물리학의 많은 분야에서 새로운 지식을 얻는 데 활용되고 있다는 점입니다.

아브리코소프는 초전도체 내부에 침투한 자기장이 복잡한 형태의 질서를 갖는다는 것을 발견했습니다. 긴즈버그-란다우 식의 통찰력 있는 분석을 통해 그는 질서를 갖는 공간에 어떻게 소용돌이 격자가 형성되는지를 밝힐 수 있었습니다. 그리고 자기장이 이것을 통해 어떻게 초전도체 안으로 침투하는지를 잘 설명하였습니다. 소용돌이 격자는 욕조의 물을 비울 때 배수구멍에 생기는 소용돌이와 본질적으로 같은 것입니다. 아브리코소프는 제2종 초전도체가 어떻게 초전도성과 자성을 동시에 수용하는지를 완벽하게 설명했습니다. 그의 연구는 산업계에서 필요로 하는 초전도 물질 탐구연구의 돌파구

● 1962년 노벨 물리학상 수상

를 제공했습니다."

제1종 초전도체, 제2종 초전도체와 자기장의 관계를 비교 설명하기 위해 초전도체를 주택으로, 자기장을 바람(폭풍)으로 비유해 보자. 제1종 초전도체는 볏짚으로 얼기설기 엮은 튼실하지 않은 주택이라 할 수 있다. 이런 집에 바람(자기장)이 불어오면 집은 어느 정도 바람을 견디다 바람의 세기가 커지면 주택 내부가 완전히 붕괴된다(상전도 상태). 그렇다고 주택의 형상이 완전히 부서지는 것은 아니고 형태는 유지한다. 자기장이 약해지면 다시 원래의 초전도 상태를 회복한다. 제2종 초전도체는 집으로 치면 벽돌로 지은 튼튼한 집이라 할 수 있다. 집 내부의 기둥들도 튼실하다. 바람이 초전도체에 다가오더라도 쉽사리 초전도 상태를 잃지 않는다. 강도가 아주 센 바람이 불어오면 초전도체는 바람과 타협해서 바람의 일부가 집안으로 들어오는 것을 허용한다. 바람이 집으로 들어와 요동을 치지만 튼튼한 집은 그 골격을 유지하고 견디어낸다. 바람(자기장)의 일부를 수용하고 바람이 부엌과 화장실 같은 공간을 돌아다니게 한다. 이 상태는 초전도와 자기장이 공존하는 상태다. 외부에서 몰려오는 바람에 완강히 저항하다가 집이 무너지기보다 바람을 적당히 집안으로 들어오게 해서 집의 골격을 유지하고 자기장의 움직임도 허용하는 것이 더 안정적이기 때문이다. 이후에 바람 세기가 커져 토네이도급 바람이 불면 초전도 상태가 완전히 붕괴된다. 제2종 초전도체는 공존의 전략을 선택해서 강한 자기장에서도 살아남는다.

'제1종 초전도체와 제2종 초전도체로 나누어지는 이유는 무엇인가?'

초전도체가 제1종과 제2종으로 나누어지는 이유는 에너지(열역학)의 안정성 때문이다. 제1종 초전도체는 자기장이 내부로 들어오는 것을 거부한다. 그것이 안정된 상태이기 때문이다. 자기장이 커지면 초전도 상태가 깨져서 상전도가 된다. 외부에서 가해지는 어떤 힘(자기력)을 견디지 못하고 한 순간에 터지는 풍선과 같다. 높은 자기장 환경에서는 정상상태로 되는 것이 에너지적으로 안정적이기 때문이다. 제2종 초전도체에서는 자기장이 일정 수준 이상

출처:
http://diamond.kist.re.kr/knowledge/nobel-physics/2003/phys2003.html

이 되면 초전도체 내부로 들어온다. 큰 자기장을 견디기보다 자기장을 초전도체 안으로 들여보내는 것이 에너지적으로 안정되기 때문이다.

제1종 초전도체는 주로 한 가지 원소로 구성된 단원소 물질이다. 수은이나 납 같은 물질이 제1종 초전도체다. 제2종 초전도체는 두 가지 이상 원소들로 구성된 합금이나 화합물 초전도체다. 제1종과 제2종은 물질의 종류를 구분하는 말은 아니다. 동일 물질에서도 재료의 형태나 구조를 달리하면 초전도와 자기장의 반응 상태에 따라 제1종 초전도체가 제2종 초전도로 될 수 있다.

1961년 미국의 벨 연구소(AT&T Bell Laboratories)에서 당시에는 상상할 수 없는 놀라운 결과를 보고했다. 벨 연구소는 오랫동안 금속화합물과 합금 초전도체의 성질을 연구중이었는데, 그 중에 초전도 임계온도가 18K인 나이오븀(Nb)과 주석(Sn) 화합물인 나이오븀틴(Nb_3Sn)에 대해 자기장과 온도를 변화시키며 전기저항을 측정하던 중 Nb_3Sn이 10만 가우스(10테슬라)의 매우 높은 자기장에서도 초전도 상태를 유지함을 발견했다. 이후에 합금형 물질에서 제2종 초전도체의 존재가 속속 밝혀졌고, 이 물질들이 아주 강한 자기장에서도 초전도 현상을 유지한다는 것을 알게 되었다. 합금형 초전도체는 수-수십 테슬라(Tesla, 자기장의 단위)의 강한 자기장에서도 초전도 현상을 유지한다. Nb_3Sn은 현재 고자기장을 만드는 초전도 소재로 사용되고 있다.

'왜 순수한 단원소 물질보다 합금이나 불순물을 포함하고 있는 물질이 자기장에 강한 것일까?'

100% 순수한 물질이나 그것의 단결정의 성질은 매우 순수하다 할 수 있다. 예를 들어, 금 100%로 만든 정금(正金)은 손톱으로 누르면 표면이 움푹 파일 정도로 무르다. 무르다는 것은 외부 힘에 대해 원자들이 저항하지 않고 잘 움직인다는 것이다. 이런 정금은 너무 약해서 실생활에서 사용하기 어렵다. 그래서 사람들은 순금에 다른 원소를 적당히 넣어서 강한 성질의 합금을 만든

다. 금에 첨가되는 합금 원소의 양에 따라서 18K와 같은 이름을 붙인다. 이런 합금형 물질은 무르지 않아 외부의 힘에 잘 견딘다. 합금이 외부 힘에 잘 견디는 원리는 합금을 구성하는 두 원소의 원자크기가 다르기 때문이다. 문틈에 돌이 끼면 문이 잘 움직이지 못하는 원리같이 작은 원자 앞에 큰 원자가 있으면 원자의 움직임이 어려워진다. 원리는 조금 다를 수 있지만 유사한 이유로 제2종 합금형 초전도체가 순수한 단원소 초전도체보다 외부 자기장에 강하다. 합금형 초전도체의 내부에는 순수하지 않은 결함*이 많고, 이들에 의해 자기장의 움직임이 제한을 받는다. 이런 결함을 인위적(물리, 화학적)으로 만들어 주면 초전도체는 외부 자기장에 더욱 강해진다.

* 원자이탈이나 다른 불순원자 등. 이들은 상전도 소용돌이 격자를 잡아주는 역할을 한다

아래 글을 통해 쓸 만한 도구나 성공적인 삶이 만들어지는 과정을 이해해 보자.

> 쇳물을 부어 연장을 만드는 대장장이가 있다. 좋은 연장이 만들어지기까지는 풀무 불 위에 쇳조각을 올려놓고 가열해서 쇳물로 만든 다음, 원하는 틀에 부어 형상을 만들고, 다시 뜨겁게 가열하여 망치로 두드리고, 가끔은 찬물에 담그는 과정이 필요하다. 뜨거운 쇠가 찬물에 들어갈 때 느껴야 하는 고통이 어떤 것인지 상상하기 어렵다. 벌건 쇳덩어리 내부에서는 몸이 엉기어 뒤틀리는 상상할 수 없는 고통스런 일이 일어난다. 쇠 자체에게는 힘든 일이지만 연장을 만들기 위해서는 반드시 필요한 작업이다. 이런 일련의 과정을 연마(研磨)와 단련(鍛鍊)이라고 한다. 연마와 단련 과정을 거친 쇠는 강하고도 질기다. 이런 과정이 없이는 좋은 연장이 만들어지지 않는다. 사람들의 인생도 연장을 만드는 과정과 유사하다. 인생의 여정에는 언제나 좋은 일만 있는 것이 아니다. 견디기 어려운 고통과 감당할 수 없는 슬픔들, 이런 고통을 통해 인간은 단련되며 단련 후에 얻어진 강인함으로 어려운 환경을 이겨 나갈 수 있게 된다. 오랜 연마와 단련의 과정을 거치면 자신도 모르게 강해져 있음을 느끼게 된다.

성공한 사람들이란 세상 사람들의 머리 속에 좋은 느낌으로 각인되어 있는 사람들이다. 성공한 사람들의 인생이 화려해 보일 것 같지만 실제로 성공의 뒷면에는 쓰라린 실패의 가슴 아픔이 있다. 성공의 기쁨을 맛볼 수 있는 사람은 이런 가슴 아픈 고난의 시간을 극복한 사람들이다. 또 성공은 단기간에 만들어지지 않는다. 성공에 이르기까지는 많은 각고의 시간이 필요하다. 발명왕 에디슨이 그랬고, 강철왕 카네기가 그랬고, 비행기를 만든 라이트 형제가 그랬듯이, 성공한 사람들은 수많은 실패와 좌절의 시간을 보낸 다음에 성공의 기쁨을 맛보았다. 또, 어떤 사람은 그 자신의 생을 마감한 후 오랜 시간이 지나서야 비로소 성공한 사람으로 기억되기도 한다(《연마와 단련》 김찬중 씀).

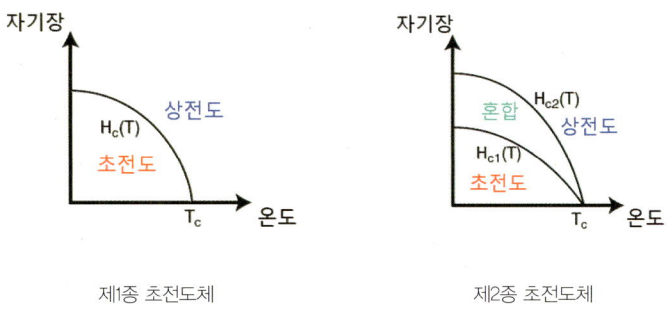

제1종 초전도체   제2종 초전도체

● 1종 초전도체와 2종 초전도체의 온도-자기장 상태 곡선을 비교해 보자. T_c는 초전도 현상이 나타나는 임계온도다. 이 온도 이상에서는 1종, 2종 모두 초전도가 깨진다. T_c 이하에서만 초전도 상태가 유지된다. 온도와 더불어 자기장도 초전도 상태에 영향을 준다. 1종 초전도체에는 한 개의 자기장 한계(H_c)가 있다. 이 자기장을 넘으면 초전도가 깨진다. 1종 초전도체의 자기장 한계는 수백 가우스로 매우 작다. 2종 초전도체는 두 개의 자기장 한계가 있다. 첫 번째 자기장 한계(H_{c1}) 이상에서 자기장이 초전도체 안으로 들어와서(초전도+상전도) 혼합상태가 된다. 이때에도 초전도 상태는 유지된다. 자기장이 두 번째 자기장 한계(H_{c2})보다 크면 초전도 상태가 완전히 깨진다. 2종 초전도체는 H_{c2}가 수십 테슬라로 매우 크기 때문에 고자기장 산업에 활용된다.

● Nd-B-Fe 영구자석을 이용해 고온 초전도체(검정색 물체) 안에 자력을 집어넣었다. 자력의 일부가 침투하는 것을 허용하는 제2종 초전도체에는 초전도 상태와 상전도 상태(자속이 침투한 곳)가 공존한다. 초전도체 내부에 자력이 포함되기 때문에 초전도체는 자석이 된다. 초전도체 안에 자기력을 많이 넣을 수 있다면 수십 테슬라의 강력한 자석을 만들 수 있다. 자석이 된 초전도체에 쇠구슬들이 붙어 있다.

Superconductivity

BCS 이론,
초전도 현상을 설명하다

BCS 초전도 이론으로 노벨 물리학상을 수상한
바딘, 쿠퍼, 슈리퍼

오네스에 의해 초전도 현상이 발견된 이후에 초전도 현상의 실체를 밝히고자 많은 연구가 진행되었지만 1950년까지 초전도 현상은 이론적으로 규명하지 못한 채 미완의 숙제로 남아 있었다. 1950년대 초에 미국 일리노이(University of Illinois) 대학교의 바딘 교수[*]는 박사후 연구원인 쿠퍼,[**] 대학원생이었던 슈리퍼[***]와 함께 초전도 이론 연구를 진행하고 있었다.

바딘 교수는 천재형 과학자다. 그는 13세에 고등학교 과정을 마쳤으며, 16세에 대학에 입학할 정도로 총명했다. 바딘은 위스콘신-메디슨(University of Wisconsin-Madison) 대학에서 전기공학을 전공하였고, 이후에 프린스턴(Princeton University) 대학에서 수학과 물리학을 수학했다. 그는 트랜지스터(1956년)와 초전도 연구(1972년)로 노벨 물리학상을 두 번 수상한 유일한 연구자다.[****] 바딘 교수는 매우 온화한 성격의 학자적인 인품을 갖춘 사람이었다. 그는 전기공학과 수학, 물리학을 공부했기 때문에 과학뿐 아니라 공학적 기반이 탄탄했으며, 누구보다도 전자의 움직임에 대한 정통한 지식을 보유하고 있었다. 1945년에 미국의 벨 연구소에 들어갔고 1948년에는 동료들과 트랜지스터[*****]를 발명했다. 트랜지스터 연구를 마친 바딘은 벨 연구소에서 일리노이 대학으로 자리를 옮겨 초전도 이론 연구를 10년 정도 진행하고 있었다. 그는 저항이 없는 초전도 상태에서의 전자의 움직임에 대해 깊은 관심을 갖고 있었다.

"전자의 움직임을 눈으로 볼 수는 없고, 만져보는 것은 더더욱 불가능하지. 지난 30년간 여러 학자들이 나눈 토론에서 서로 다른 의견이 있기는 하지만 그 가운데 공통점이 있기는 있어. 오네스 박사의 초전도 현상의 발견 이후에 사람들의 관심은 오직 제로저항과 무한전류에 있는 것 같은데 그것이 초전도의 전부는 아니라고 생각해. 초전도 현상을 이해하려면 제로저항과 함께 마

---

[*] John Bardeen, 1908–1991

[**] Leon N Cooper, 1930–

[***] John Robert Schrieffer, 1931–

[****] 노벨상을 두 번 수상한 사람은 마리 퀴리 부인을 포함해서 네 명이 되나 물리학 분야에서는 바딘 교수가 유일하다.

[*****] Transistor, 증폭과 스위칭 역할을 하는 반도체 소자. 트랜지스터의 출현으로 크기가 작고 값싼 라디오, 계산기, 컴퓨터 등이 개발되었다.

이스너의 완전반자장 현상을 설명해야 할 것 같아."

바딘은 전자와 원자 격자진동(포논, Phonon)의 상호작용에 흥미를 가지고 있었다. 바딘이 원자의 진동과 더불어 초전도 현상에 중요한 인자로 생각한 것은 전자들 사이에 작용하는 인력(잡아당기는 힘)이었다.

"200년 전에 완성된 전자기의 기본원칙인 쿨롱*의 법칙**에서는 기본적으로 부호가 같은 전자-전자나 양전하-양전하는 반발하고, 양전하-전자와 같이 다른 전하를 가지는 입자들은 서로 끌어당긴다. 그런데 부호가 같은 전자나 양전자가 서로 잡아당길 수는 없을까?"

이론 물리학자인 프로히리히***는 긴즈버그-란다우(GL)의 초전도 이론이 발표된 1950년 이전에 이미 전자가 서로 잡아당길 수 있다는 논문을 발표한 바 있었다. 그는 초전도 현상이 전자와 원자 간의 상호작용에 의한 것으로 보았다. 프로히리히는 그때까지 발견된 대부분의 초전도체가 상온에서 저항이 매우 큰 사실에 주목했다. 저항이 큰 금속에서 초전도 현상이 나타나는 것은 원자의 진동과 초전도 현상이 관계하기 때문이라고 생각했다.

"원자의 진동과 전자의 상호작용을 살펴보기 전에 전자 사이에 서로 잡아당기는 힘인 인력이 작용한다고 가정해 보십시오. 하나의 전자가 양이온 상태인 원자를 끌어 당겨서 (+) 전하가 큰 영역을 만들면 그곳으로 다른 전자를 끌어들일 수 있습니다. 같은 부호의 전하를 가진 전자들이 직접 서로 잡아당길 수는 없지만 전자들 주변에 양전하를 가진 이온들이 둘러싸고 있다면 전자들이 양전하에 밀려서 함께 이동할 수 있습니다. 그것을 전자와 전자 사이의 인력이라고 할 수 있겠지요. 비상식적인 생각이라고 할 수 있지만 오히려 이런 가정이 초전도 현상을 이론적으로 설명하는 열쇠가 될 수 있습니다."

바딘은 프로히리히의 연구 논문의 중요성을 인식하고 있었다. 그는 프로히리히와 자주 만나서 전자 사이에 이루어지는 인력에 대한 이야기를 나누었다.

* Charles-Augustin de Coulomb, 1736-1806, 프랑스의 물리학자

** 두 전하 사이에서 작용하는 힘은 두 전하 크기의 곱에 비례하고 거리의 제곱에 반비례한다.

*** Herbert Frohlich, 1905-1991, 독일출생 영국의 물리학자

1950년대에 초전도체에 동위원소*를 첨가하면 초전도 임계온도가 변한다는 연구결과가 있었다. 바딘 교수는 이 연구결과에 주목했다.

"동위원소는 동일한 원소로서 질량만이 다른데… 동위원소가 초전도 현상에 영향을 준다는 사실은 원소의 중량이 전자의 흐름에 영향을 준다는 의미겠지. 질량이 변하면 원자의 진동이 달라지겠고, 음… 그렇다면 원자의 진동과 전자의 움직임이 관계가 있다는 증거군."

하지만 다른 대부분의 연구자들은 원자의 진동이 전자의 움직임에 영향을 줄 것이라고 생각하지 않았다.

"원자핵은 전자보다 2,000배나 무거워서 전자에 비해 움직임이 상대적으로 느린데 어떻게 전자의 움직임에 영향을 주나. 그건 불가능해."

바딘 교수는 초전도 현상의 설명에 입자물리학자인 쿠퍼 박사의 능력이 필요할 것 같아 그를 일리노이 대학의 박사후 과정으로 초청했다. 쿠퍼 박사도 바딘 박사의 원자-전자 상호작용 이론에 동의하고 있었다.

"바딘 박사님, 초전도성의 근본적인 문제를 해결하기 위해서는 전자 사이에 인력이 작용해야 합니다. 제 생각으로는 고전적인 쿨롱의 법칙만으로는 초전도 현상을 설명하는 모델을 만들기는 어렵습니다. 원자들이 진동하고 있고, 전자들은 서로 밀고 있어서 전자들이 저항 없이 원자 사이를 이동할 수는 없습니다. 저는 전자들이 서로 잡아당기고 있는 상황을 전자들이 쌍(Pair)를 이루고 있는 방식으로 생각하려고 합니다. 처음부터 전자들이 왜 쌍을 이루어야 하는지를 생각하기보다 전자들이 쌍을 이루어야 초전도 상태가 된다고 가정하면 초전도 현상을 좀더 이해할 수 있습니다. 가령 스핀(Spin, 전자의 회전)이 서로 반대인 두 개의 전자가 서로 반대 방향으로 같은 크기의 속도로 움직인다고 가정해 보십시오. 그때는 두 전자가 매질과의 상호작용에 의해 서로 잡아당기는 힘(인력)이 쿨롱 힘에 의해 당기는 힘(척력)보다 클 수 있습니다. 이렇게 되면 원자들이 진동하고 있더라도 전자들이 서로 쌍을 이

* Isotope, 전자의 배치는 같고, 원자핵의 양자 수는 일정하지만 중성자 수가 다르기 때문에 질량이 다른 원소.

루어 저항 없이 움직일 수 있습니다."

쿠퍼는 동일한 전하를 갖는 전자들이 서로 잡아당길 수 있다면 전자들이 쌍을 이루어 진동하는 원자들 사이로 저항 없이 움직일 수 있음을 보여주었다. 이 전자쌍을 쿠퍼가 제안했다고 하여 '쿠퍼 페어'(Cooper pair)라고 한다.

"먼저 원자들이 규칙적으로 자리를 잡고 있는 고체 내부의 면 또는 3차원 공간을 침대의 푹신한 매트리스라고 가정합니다. 이 매트리스 위로 무거운 공(전자) 하나가 굴러갑니다. (-) 전하를 갖는 전자는 쿨롱의 법칙에 따라 전하가 다른 양이온(원자)들을 주변으로 불러 모읍니다. 이 공이 상당히 빨리 움직인다면, 매트리스의 움직임은 느리니까 매트리스의 스프링은 공이 지나간 후에 원래 상태로 돌아오는 데는 시간이 걸립니다. 이때 근처를 지나가던 다른 공이 있다면 이 공은 먼저 이동한 공이 만들어놓은 움푹 파인 곳으로 자연스럽게 굴러 떨어질 것이다. 두 번째 공이 움푹 파인 매트리스 공간의 도움을 받기는 하지만 두 개의 공은 서로에게 영향을 미치고 있다고 말할 수 있습니다. 첫 번째 공이 있었던 자리로 두 번째 공이 찾아가기 때문에, 두 전자들이 직접적으로 당기는 것은 아니지만, 이런 상호작용을 두 개의 공이 서로 끌어당긴다고 말할 수 있습니다. 두 전자 사이의 상호작용을 서로 당기는 힘이라고 생각해도 될 것입니다. 한 전자가 이동하면 다른 전자가 뒤따라오는 것이지요. 달리 표현하자면 전자가 쌍을 이루어 이동한다고 할 수 있습니다. 하지만 원자들이 배열된 매트리스 공간에는 같은 전하의 입자들은 밀치고, 전하가 다른 입자들은 서로 잡아당기는 고전적인 쿨롱의 힘이 존재할 겁니다. 어느 힘이 크냐에 따라 전자의 움직임이 결정됩니다."

바딘 교수는 수학적 능력이 뛰어난 대학원생인 슈리퍼와 함께 연구해 왔기 때문에 초전도 현상에 대한 수학적인 모델을 만드는 작업을 성공적으로 진행할 수 있었다. 슈리퍼에게 주어진 숙제는 바닥상태에 있는 초전도 원자들을 수학적으로 기술하는 것이었다. 그는 동시에 움직이는 전자쌍 집단에 대한 수학적 모델을 만들고자 했다. 그가 초전도 현상을 설명할 수 있는 수학적 모델을 완성한 것은 뉴욕 시의 지하철 안이었다. 혼잡스러운 뉴욕의 지하철에서 수많은 사람들이 자신들이 가야 할 노선을 타기 위해 이동하고 있었다. 혼잡스러운 가운데에서도 정연하게 움직이는 사람들의 모습에서 슈리퍼는 짝을 지어 이동하는 전자들을 보았을지 모른다. 그는 다음날 일리노이로 돌아와서 바딘 교수에게 완성된 수학공식을 보여주었다.

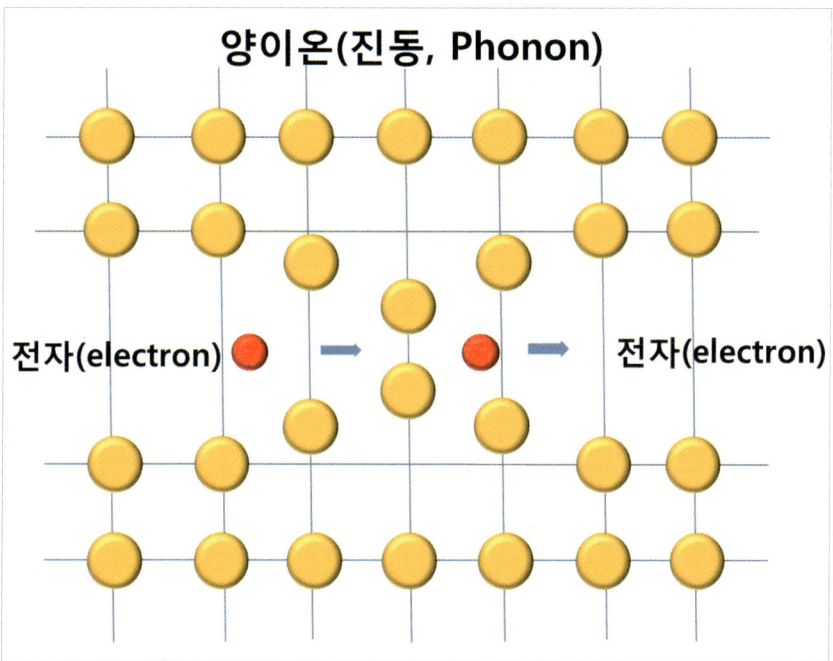

● 양전하를 가진 원자들 사이를 전자가 지나가면 쿨롱의 법칙에 따라 전자와 양이온 간에 인력이 작용한다. 이동하는 전자는 원자들을 끌어당긴다. 전자가 원자 사이를 통과하지만 전자의 속도가 빨라 원자들은 제자리로 완전히 복귀하지 못한다. 그 힘을 이용해서 다른 전자가 쉽게 앞선 전자의 길을 따라 저항 없이 이동한다. 앞서 간 전자와 뒤따르는 전자가 서로 쌍을 이룬다고 하여 쿠퍼 쌍(Cooper pair)라 부른다. 이 그림은 원자의 배열을 2차원으로 표현한 것이지만 3차원 공간이 되면 원자들이 가까워진 곳은 매트리스의 움푹 파인 골짜기가 된다.

"쿠퍼 페어에서 쌍을 이루는 두 전자가 아주 가까이 있을 필요는 없습니다. 이들 사이에는 수백만 개의 전자쌍이 존재합니다. 이는 무도회장에서 여러 파트너들이 뒤섞여서 춤을 추고 있는 광경과 유사합니다. 디스코텍 같은 곳에서 남녀가 어느 정도 거리를 유지한 채 춤을 추고 있고, 그 둘 사이에 다른 몇 쌍이 끼여들어 춤을 추고 있는 모습을 생각하면 됩니다."

바딘 교수는 슈리퍼가 완성한 수학식을 보여주자마자 그 개념을 이해했다.

"맞았어. 바로 이것이 우리가 찾고 있던 답이야."

슈리퍼는 바딘 교수의 지도하에 오랫동안 초전도 이론에 대한 연구를 해왔지만 그에게는 초전도 연구를 중단할 뻔한 위기가 있었다. 이론 물리학 연구가 어렵기만 하고 진전이 없어 슈리퍼의 고민은 깊어가고 있었다. 함께 대학원에 다니던 동료들은 실험을 통해 하나씩, 둘씩 결과를 만들어가고 있었기에 슈리퍼의 초조한 마음은 더해갔다. 동료들은 슈리퍼의 미진한 연구를 놀려댔다고 한다.

"어이, 슈리퍼, 자네 언제 졸업할 거야. 초전도 현상을 설명하는 이론적 해법을 찾아가고 있는 거야? 그 어려운 이론 연구로 졸업할 수 있겠어? 우리처럼 실험연구로 바꾸는 것이 낫지 않겠어? 실험은 투자한 시간만큼 분명한 결과가 있어. 자네도 빨리 졸업을 하고 직장을 잡아야 하지 않겠냐구."

동료들은 연구가 지지부진한 슈리퍼에게 미진한 연구소(Institute of Retarded Study)라는 별명을 붙여주었다. 연구에 진척이 없어 고민하고 있던 슈리퍼는 1965년 트랜지스터의 발명연구로 노벨상을 수상하기 위해 스웨덴으로 떠나는 바딘 교수에게 자신의 심정을 털어놓았다.

"교수님, 제 박사학위 논문제목을 바꾸면 어떨까요? 초전도 현상에 대한 이해가 쉽지 않고 이론적 모델을 세우는 연구에 진전이 없습니다."

바딘 교수는 슈리퍼에게 몇 달만 더 고생해 보고 나서 그때까지도 진전이 없으면 함께 생각해 보자며 그를 달랬다.

슈리퍼는 계속 초전도 이론 연구에 매달렸고, 쿠퍼의 전자쌍 모델에 슈리퍼의 수학적인 해석이 합쳐져서 초전도 현상을 설명하는 전자-포논 상호반응 모델이 만들어졌다. 이 이론을 제안자인 바딘(B)-쿠퍼(C)-슈리퍼(S)의 이름 첫 글자를 따서 BCS 이론이라 부른다. 학계에 발표된 BCS 이론은 학자들의 논쟁과 검토 작업을 거쳐 초전도 현상을 설명할 수 있는 이론으로 공식적으로 받아들여졌다. 바딘, 쿠퍼, 슈리퍼 세 사람은 초전도 이론을 규명한 공로로 1972년에 노벨 물리학상을 받았다.

바딘 교수가 1956년 트랜지스터의 발명으로 첫 번째 노벨 물리학상을 수상하기 위해 갈 때에 가족 중에 그의 아내와 딸만을 데리고 갔다고 한다. 대학에 다니는 두 아들이 있었지만 공부에 방해가 될까봐 데리고 가지 않았다. 시상식 후의 만찬장에서 스웨덴 국왕이 "왜 가족들이 함께 오지 않았습니까?"라고 물었을 때 그는 얼떨결에 "아, 다음에는 모두 다 데리고 오겠습니다"라고 대답했다. 얼떨결에 한 그 말이 현실이 되었다. 16년 후인 1972년에 초전도 연구로 두 번째 노벨 물리학상을 수상하러 갈 때에는 모든 식구를 다 데리고 갔다고 한다.

BCS 이론의 막내인 슈리퍼는 〈초전도는 댄스와 유사하다(Superconductivity: A Dance Analogy)〉는 글에서 초전도 현상을 아래와 같이 설명했다.

"수많은 남녀 쌍들이 춤을 추고 있는 댄스 플로어(Floor)를 생각해 보십시오. 여자는 왼쪽으로 돌고(전자라면 업[Up] 스핀), 남자는 오른쪽으로(다운[Dawn] 스핀) 돌고 있습니다. 그들은 개구리춤을 추기도 하고, 무엇을 하든, 어디에 있든 서로 몸을 부딪히지 않고 멀리 떨어져서 춤을 추고 있습니다. 이렇게 말할 수 있습니다. 커플들은 거의 수백 피트(Feet) 떨어져 있습니다. 두 커플 사이의 공간을 오가며 수백만 명의 다른 커플들이 춤을 추고 있지요. 그렇게 사람들이 많지만 그들은 항상 자신의 파트너가 누구인지 정확히 압니다. 수많은 커플들이 댄스 플로어를 덮고 있어서 빈 공간이 거의 없습니다. 사

출처: http://www.learner.org/courses/physics/visual/visual.html?shortname=dance1

● BCS 무도회장입니다. 전자가 짝을 이루어 움직이는 초전도 현상은 남녀가 짝을 지어 춤을 추는 무도회장의 모습과 유사합니다. 춤을 출 때 바닥에 발이 걸리지는 않는다면 저항 없이 춤을 출 수 있겠네요. 여기는 벌써 짝이 채워졌군요. 음악에 맞추어 즐겁게 춤을 추고 있는 상대방이 정말 자신의 짝이 맞는지 확인해 보세요. 슈리퍼 박사가 말한 진짜 짝은 자신으로부터 아주 멀리 떨어져 있다고 했습니다. 자신의 짝이 아니라면 아무래도 짝 바꿈(Changing partner)을 해야겠나 봅니다. 자, 다 함께 BCS 춤을 춥시다! 춤을 추며 이동하면서 자신의 짝이 잘 따라올 수 있도록 무도회장 바닥을 반짝반짝 잘 닦아주시기 바랍니다.

람들이 없는 공간은 거의 없지요. 이렇게 사람들이 많고 혼잡한 댄스 플로어에서 춤을 추면서 빈 공간으로 이동하려면 아주 복잡한 스텝을 밟아야 합니다. 사람들이 멀리 가지 않으면서, 다른 사람을 건드리지 않으면서, 같은 시간에 같은 공간을 차지하지 않도록 하려면 정말 엄청나게 복잡한 안무를 연출해야 합니다. 그것은 연출가의 몫이지요. 그런 고도의 연출이 있기 때문에 모든 사람이 함께 춤을 출 수 있는 겁니다. 댄서들의 움직이는 행태를 저희는 수학적 모델을 만들어서 설명할 수 있었습니다. 저희가 만든 모델은 사람들이 원한다면 춤을 추면서 에너지를 낮추어 주고 서로를 행복하게 해줄 수 있다는 것을 보여줍니다. 이것이 BCS 댄스로 표현할 수 있는 '제로저항의 초전도 세상'입니다."

초전도 현상의 모든 것을 설명해 주는 이론으로 평가받은 BCS 이론의 등장으로 초전도는 물리학자의 연구대상에서 멀어져 갔다. 그리고 BCS 이론에서 제안한 대로 초전도 임계온도는 오랫동안 30K 이하에 머물러 있었다. 물리학자들은 이렇게 이야기했다.

"BCS 이론은 초전도 현상의 모든 것을 설명해 주고 있어. 더 이상 초전도 연구에서 풀리지 않은 의문은 없어. 더 이상 연구할 필요가 없다는 말이지. 이 이론에 의하면 우주에는 30-40K 이상에서 초전도 현상을 나타내는 물질은 없어."

하지만 1986년에 베드노르즈와 뮬러 박사가 BCS 이론의 한계온도 부근인 35K에서 초전도가 되는 신물질 합성에 성공했다. 그리고 1년 만에 초전도 임계온도가 90K를 훌쩍 넘어버렸다. 산화물 초전도체의 발견은 BCS 이론의 온도한계에 도전장을 내밀었다. 전세계 물리학계는 후끈 달아올랐다. 예상하지 못한 높은 온도에서의 초전도 현상을 설명하기 위한 새로운 이론이 필요한 것인지, 또는 BCS 이론에 수정을 가해야 하는지에 대한 열띤 토론이 있었다.

"초전도 임계온도가 50K 이하일 때에는 BCS 이론을 적용할 수 있습니다. 하지만 초전도 임계온도가 90K 이상이 되면 다른 이론이 필요합니다."

그리고 고온 초전도 발견 이후 25년 가까이 흐른 지금에도 고온 초전도체의 높은 초전도 임계온도를 명확히 설명할 수 있는 이론은 아직 없다. 한 과학자의 이야기다.

"지난번에 슈리퍼 박사님이 BCS 이론을 산화물 고온 초전도체에 적용할 수 있는 여러 증거들이 제시되어 있다고 했습니다. 저도 동의하는 바가 있습니다. 쿠퍼 쌍에 기준을 둔 BCS 이론에는 큰 문제는 없다고 봅니다. 다만 고온 산화물 초전도체에서 원자(이온)의 진동이 쿠퍼 쌍을 만들어주는 매개체가 되는지에 대해서는 좀더 생각해 보아야 합니다. 그보다 좀더 강하게 쿠퍼 쌍을 매개하는 것이 있다면 초전도 임계온도가 더 올라갈 수 있습니다. 예를 들어, 전자의 스핀으로 설명한다면 스핀에 의한 자기량의 변화가 쿠퍼 쌍을 좀더 강하게 해줄 수 있습니다. 또 다른 가능성으로 그럴 듯한 증거들이 보고되고 있는데, 자유롭게 움직이는 전자가 아닌 원자(이온)의 궤도에서 움직이는 전자들의 어떤 규칙성이 전자쌍을 만드는 것을 도울 수 있다는 의견이 있습니다. 또한 이온과 이온의 궤도에 위치한 전자들이 서로 반응한다면 이 역시도 어떤 도움을 주지 않을까요? 어떤 이론이 맞을지 모르지만 고온 초전도의 발견으로 초전도 현상에 대해 더 많이 연구하게 되어서 물리학계로서의 여간 기쁜 것이 아닙니다. 더 토론하면서 많은 것을 알아갔으면 합니다."

Superconductivity

조셉슨,
양자소자를 제안하다

브라이언 데이비드 조셉슨
영국의 물리학자

양자역학(Quantum mechanics). 양자역학은 작은 입자들의 세계를 다룬다. 전자(Electron)와 같은 소립자들이 움직이는 세계는 인간이 살고 있는 큰 개체들의 세계와 많이 다르다. 큰 개체들의 세계에서 일어날 수 없는 일이 소립자들의 세상에서는 얼마든지 일어날 수 있다. 인간이 사는 세상에서 일어나는 현상을 야구공과 콘크리트벽으로 설명해 보자. 야구 선수가 공을 들고 와인드 업(Wind-up)해서 벽을 향해서 공을 던진다. 투수의 손을 떠난 공은 중량과 속도의 제곱에 비례하는 운동에너지를 가지고 벽을 향해 날라간다. 공이 벽과 부딪힐 때 소리가 나고 공은 벽 아래로 떨어진다. 운동에너지의 일부가 충격에너지로 바뀌고 공의 속도는 줄어든다.

"왜 공은 벽을 통과하지 못하고 벽에 맞고 아래로 떨어진 것일까?"

벽이 단단해서 야구공이 가지고 있는 운동에너지로 벽을 깨뜨릴 수 없기 때문이다. 그런데 공의 운동에너지가 충분히 크다면 어떻게 될까? 대포의 포탄같이 야구공보다 더 강력한 운동에너지를 갖는 물체로 벽을 때리면 벽은 무너지고 포탄은 벽을 뚫고 지나갈 것이다. 벽이 무너진다는 것은 벽을 구성하는 물체 간의 물리적인 결합이 깨진다는 의미다.

'전자와 같은 작은 입자들의 세상은 어떠한가?'

전자를 원자들이 밀집한 지역으로 던지면 큰 개체들의 세상에서와 마찬가지로 전자는 전자와 전자 간의 반발력 때문에 원자집단을 뚫지 못하고 튕겨 나온다. 그런데 전자를 계속 던지다 보면 언젠가 한 번은 마치 투명인간처럼 전자가 원자집단의 벽을 뚫고 지나간다. 전자와 같은 작은 것들의 세계에서는 입자의 운동에너지가 장벽의 에너지보다 작더라도 벽을 통과할 확률이 있다. 전자가 얇은 벽을 통과하는 현상을 터널링(Tunneling)이라 한다. 터널링은 산에 뚫어놓은 터널을 통해 자동차가 산 한쪽에서 다른 쪽으로 자연스럽게 이동하는 것과 유사하다. 이 현상이 나타날 확률은 매우 낮지만, 만약 입자의 질량이 작고 벽을 이루는 원자층이 충분히 얇다면 터널링 현상은 일어날 수 있다.

1962년 초반 영국 케임브리지(Cambridge) 대학의 스물두 살 젊은 박사과정 학생인 조셉슨(그는 유태인이다)*은 고체에서의 전자의 이동에 대한 연구를 하고 있었다. 그의 지도 교수는 1950년대부터 초전도체에서의 자기적 성질을 연구해 온 피파드**였다. 피파드는 초전도체로 침투하는 자장의 깊이에 대한 불순물의 효과를 연구해 왔고, 실험결과를 통해 초전도체 안에 전자들이 상호 간섭하는 두께가 있음을 제안함으로써 BCS 이론의 기초를 제공했다. 조셉슨의 연구 주제는 두 초전도체 사이에 얇은 절연층이 있을 때의 초전도 전자인 쿠퍼 쌍의 움직임이었다. 그는 한쪽의 초전도층에 있는 전자가 쌍을 이루어 절연층을 통과해서 다른 초전도층으로 이동할 수 있다고 생각했다.

조셉슨은 케임브리지 대학에 체류중이었던 미국인 앤더슨 박사***의 강의를 듣고 있었다. 앤더슨 박사는 1977년에 '자기적 성질과 비결정물질의 물성 연구'로 노벨 물리학상을 받은 고체물리학의 대가다. 그는 1967-1975년 사이에 영국 케임브리지 대학 이론 물리학과 교수를 역임했다. 조셉슨은 거시적 양자역학 현상인 초전도 이론에 관한 그의 강의를 들으며 깊은 인상을 받았다고 한다. 그는 앤더슨 교수를 찾아가서 자신의 연구 주제를 이야기하고 조언을 구했다.

"앤더슨 선생님, 제가 진행하고 있는 연구 주제에 대해 말씀드리고 싶습니다. 저는 초전도-절연체-초전도(Superconductor-Insulator-Superconductor, S-I-S) 접합에서의 초전류의 흐름을 연구중입니다. 두 개의 초전도체층 사이에 전기가 흐를 수 없는 매우 얇은 절연층(Insulation layer)이 있습니다. 일반적인 상식으로는 전자는 절연층을 뚫고 이동할 수 없습니다. 하지만 절연

●
Brian David Josephson, 영국의 물리학자, 1940–

●●
Alfred Brian Pippard, 영국의 물리학자, 1920–2008

●●●
Phillip Warrant Anderson, 1923–, 1977년에 노벨 물리학상 수상

층이 충분히 얇다면 양자역학적 관점에서 초전도층에 있는 전자가 얇은 절연층을 뚫고 마주하고 있는 반대편의 초전도층으로 이동할 수 있습니다. 이미 기에버가 S-I-S 실험에서 초전도층에 있던 전자가 절연층을 뚫고 반대편으로 이동할 수 있음을 보여주었습니다. 제 연구 주제는 쿠퍼 쌍을 이루어야 하는 초전도 전자가 어떻게 S-I-S층을 이동할 수 있느냐는 것입니다. BCS 이론에서 초전도 전자는 혼자 이동하지 않습니다. 짝을 이루어 이동하는데, 전자가 S-I-S 접합의 절연층을 통과할 때에도 짝을 이루어 이동할 것으로 예상됩니다. 저는 그것을 파동(Wave)이 가지는 위상(Phase)의 문제로 접근해 보고자 합니다. 전자를 입자로 생각한다면 전자가 절연층을 통과할 확률은 매우 낮지만 전자는 입자인 동시에 파동의 성질도 가집니다. 파동에는 위상이 있습니다. 전자가 절연층을 뚫고 갈 수 있다면 그것은 전자의 위상(출렁이는 파도의 높이) 때문일 것입니다. 해안에 파도가 밀려오는 현상을 생각해 보십시오. 여러 개의 파도가 있지만 그 중에는 높이가 같은 파도가 있고, 어느 것은 높이가 제멋대로인 것들이 있습니다. 어느 파도타기 전문가가 파도 위에서 서핑(Surfing)을 즐기고 있다고 생각해 보십시오. 그가 한 파도의 꼭대기에서 서핑을 타고 즐기다 높이가 같은 다른 파도의 꼭대기로 옮겨 타는 것은 쉽습니다. 반대로 높낮이가 불규칙한 파도로 옮겨 타기는 매우 어렵습니다. 초전도를 만드는 쿠퍼 쌍의 두 전자는 파도 높이(위상)가 같습니다. 그래서 절연층이 있더라도 초전류는 쌍을 이루어 그것을 뚫고 반대편 초전도층으로 흐를 수 있다고 봅니다. 전자쌍이 절연층을 통과해서 이동하면 그것에 의해 전류가 발생할 것이고, 또한 전류흐름에 의한 자기장도 관찰될 것입니다."

앤더슨은 젊고 유능한 과학자의 열정에 대해 애정 어린 충고와 격려를 아끼지 않았다고 한다. 조셉슨은 앤더슨 교수의 격려에 힘입어 더욱 열심히 자신의 연구 주제에 몰입할 수 있었다. 조셉슨은 자타가 인정하는 천재형 인간이었다. 그는 자신이 이해하는 내용에 대해 다른 사람들도 쉽게 이해할 수 있다고 생각했다. 반면 그의 지도교수인 피파드는 조셉슨이 제시한 위상 차이

● Ivar Giaever, 노르웨이 출신 과학자, 1928–

●● 기에버는 초전도나 일반 금속과 얇은 층의 산화물(절연층)을 이용한 실험에서 초전도체에서 터널링 현상이 일어나는 것을 처음 발견하였고, 초전도체의 에너지 간격을 계산함으로써 BCS 이론이 탄생하는 데 기여했다.

●●● 미세전류의 흐름과 그로 인한 자기장의 발생은 민감한 자기센서를 만들 수 있음을 의미한다.

에 대해 이론을 완전히 받아들이지 못하고 있었다. 피파드는 가끔 케임브리지 대학에 체류중이었던 앤더슨 교수와 만나 차를 마시면서 조셉슨의 연구 주제에 대한 이야기를 나누었다고 한다.

"앤더슨 교수님, 제가 생각할 때 분명히 조셉슨 학생은 천재적인 능력을 가지고 있습니다. 제가 가르쳐 본 학생 중에서 가장 영특합니다. 다른 교수들이 말하기로는 조셉슨이 수강하는 강좌에서는 모든 물리학적 표현을 정확하게 할 필요가 있다고 합니다. 부정확한 물리학 단어를 사용했을 경우 강의 후에 찾아와서 정중하게 잘못 설명한 부분에 대해 지적한다고 하더군요."

"교수들이 공부를 많이 해야겠군요. 저도 조셉슨의 천재성을 인정합니다. 생각이 자유롭고 독창적입니다."

"그런데 앤더슨 교수님, 사실 저는 조셉슨이 제안하는 그 위상 차이가 잘 이해되지 않습니다. 조금 불가사의한 느낌이 있습니다. 과연 그것이 가능할까요? 양자역학적으로 전자는 입자입니다. 입자가 장벽을 통과할 수는 있지만 그렇게 될 확률은 아주 낮습니다. 원자에 부딪힌 수없이 많은 입자 중에서 하나만 통과하지 않겠습니까? 게다가 초전류라면 쿠퍼 쌍을 이루어야 하고, 그렇다면 두 개의 전자가 동시에 절연층을 통과해야 하는데, 그것은 하나의 전자가 통과하는 것보다 확률이 훨씬 더 낮지요. 그것을 관측할 확률은 거의 없다고 보아야지요."

"저도 조셉슨의 제안에 대해 생각중입니다만, 조셉슨은 입자보다는 파동의 관점에서 초전류의 터널링 현상을 바라보고 있습니다. 저희가 이해하지 못하는 것은 아마도 지금까지 위상에 대한 개념이 완전히 정립되어 있지 않아서 그럴 겁니다."

사실 위상 차에 대한 조셉슨의 아이디어는 앤더슨 교수의 강의에서 힌트를 얻은 것이라고 전해지고 있다. 그래서 앤더슨 교수가 조셉슨의 생각을 이해하는 데는 그다지 긴 시간이 걸리지 않았다고 한다.

조셉슨은 1962년에 자신의 연구에 대한 결과를 정리해서 〈초전도 터널링에서 가능한 새로운 효과〉* 란 제목으로 논문을 《피직스 레터(*Physic Letter*)》에 게재했다. 쌍을 이루는 초전류의 흐름에 파동함수의 위상 차이 개념을 도입한 그의 생각은 매우 혁신적이어서 이해하는 사람이 그다지 많지 않았다. BCS 이론으로 노벨 물리학상을 수상한 존 바딘 교수** 가 〈그런 초전류는 있을 수 없다(There can be no such superflow)〉는 제목의 반박 논문을 《피지칼 리뷰 레터(*Physical Review Letter*)》에 기고했을 정도였다.

1962년 영국의 퀸 메리 칼리지(Queen Mary College)에서 열린 제8차 저온물리학회 발표장에서 바딘 교수와 조셉슨은 '초전도 터널링'을 주제로 열띤 토론을 벌였다. 당시 조셉슨은 여전히 학생 신분이었다. 조셉슨은 쌍을 이룬 초전도 전자쌍이 위상 차이가 같다면 얇은 절연층을 통과할 수 있음을 수학식으로 표현했다. 바딘 교수는 조셉슨의 수학식이 틀렸다고 지적했다. 조셉슨은 바딘 교수의 질의에 대해 일어서서 정중한 자세로 자신의 생각을 설명했고, 두 사람은 진지하게 서로의 의견을 나누었다. 저온물리학회에서 진행된 두 사람의 대화는 학회 참석자들에게 '젊은 학생의 도전적 정신과 유명학자의 경륜(The Vitality of Youth versus Prestige and Maturity)' 또는 '수학과 통찰력(Mathematics versus Intuition)'의 대결로 기억되고 있다.

조셉슨의 제안은 1963년에 앤더슨과 벨 연구소(Bell Lab., Princeton)의 존 로웰(John Rowell)에 의해 실험적으로 증명되었다. 앤더슨은 미국 벨 연구소에 근무하고 있던 자신의 동료인 로웰에게 조셉슨과 토론한 내용을 실험적으로 증명해 볼 것을 제안했다. 로웰은 주의 깊게 자기장을 차폐한 분위기에서 S-I-S 접합을 만들어 터널링 실험을 진행했고, 일정 전류까지 저항이 없는 초전류가 흐름을 확인했다. 로웰의 터널링 실험으로 경륜 있는 바딘 교수의 통찰력보다 젊은 조셉슨의 수학식이 옳았음이 입증되었다.

* Possible new effect in superconductive tunneling

** 그는 BCS 이론 이전에도 트랜지스터에 관한 논문으로 1956년 노벨 물리학상 수상

조셉슨은 고체에서 초전도 전자쌍의 터널링 현상을 발견한 공로로 1973년에 에사키, 기에버와 공동으로 노벨 물리학상을 수상했다. 기에버는 초전도 접합에서 터널링 현상을 최초로 발견했고, S-I-S 접합 실험을 통해 초전도체의 에너지 간격(Gap)을 측정했다. 기에버는 초전도 전자의 터널링이 어떻게 일어나는지 이론적으로 완전히 이해하지 못했다. 반면에 조셉슨은 파동함수의 위상 개념을 도입하여 초전도 전자쌍이 어떻게 절연층을 통과하는지에 대한 완벽한 이론을 제시했다. 22세의 청년이 쓴 논문으로 10년 후에 노벨 물리학상을 받았으니 조셉슨을 가히 천재 과학자라고 할 만하다. 아래는 노벨상 수상식장에서 노벨상 수상위원회가 낭독한 조셉슨 터널링 효과의 과학적 중요성을 정리한 내용이다.

Leo Esaki, 1925-, 일본의 물리학자, 게르마늄(Ge)의 p-n 접합 다이오드에서 터널링 현상 발견.

"터널링 현상은 양자역학적 현상으로, 고전역학으로는 설명할 수 없습니다. 전자와 같은 작은 입자들은 입자와 파동의 성질을 모두 가지고 있습니다. 파동의 특성을 가지는 전자는 양자역학적으로 전기가 흐르지 않는 얇은 절연층 장벽을 투과할 수 있습니다. 이 현상은 벽을 향해 공을 던지는 상황으로 설명할 수 있습니다. 일반적으로 공은 튀어나오지만 아주 가끔은 공이 벽을 통해 사라집니다. 원자 수준에서 터널링은 상당히 흔한 현상입니다. 공 대신 전자가 얇은 절연층을 향해 금속 내에서 빠른 속도로 움직인다고 생각해 봅시다. 많은 전자 중 일부가 터널링에 의해 장벽을 통과합니다. 이로 인해 장벽 반대쪽에서는 미약하지만 전자의 이동에 따른 터널링 전류가 검출됩니다. 쿠퍼 쌍에 의한 초전도 전류는 조셉슨 교수가 제안했습니다. 전류가 검출된다는 것은 초전도 전자가 절연체 장벽을 뚫고 이동했다는 증거입니다. 그의 연구결과로부터 우리는 매우 중요한 두 가지 현상을 예측할 수 있습니다. 첫 번째는 초전도-절연체-초전도의 조셉슨 접합에서 전압이 가해지지 않더라도 초전도 전류가 흐를 수 있다는 것이고, 두 번째는 일정한 전압이 가해지면 높은 주파수의 교류가 절연체 장벽을 통과한다는 것입니다. 조셉슨 교수의 발견으로 과학과 기술의 넓은 영역에서 응용되는 민감도와 정확성이 뛰어난 측정장비들이 개발되었습니다. 이러한 공로를 인정해서 조셉슨 교수에게 노벨

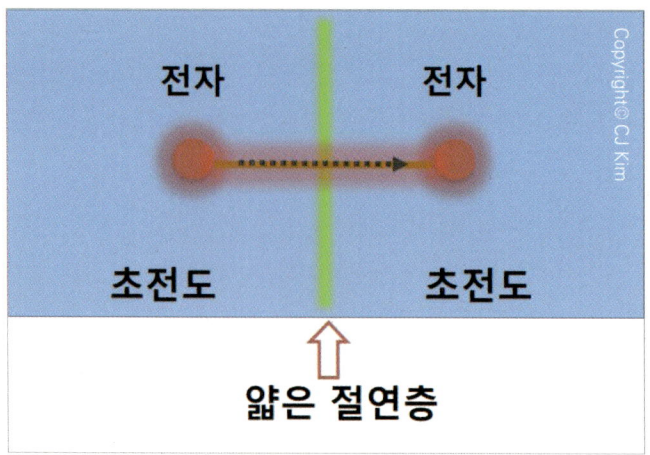

● 양자역학에서 불가능이란 없다. 양자역학은 어떤 현상에 대해 가능, 불가능이 아니라 확률로 말한다. 거시의 세계에는 불가능한 현상이 작은 입자의 세계에서는 종종 일어난다. 두 개의 초전도층 사이에 전기가 통하지 않은 얇은 절연층(Insulation layer)를 끼우고 전기를 흘려주면 초전도 전자가 절연층의 장벽을 뚫고 이동한다. 조셉슨은 초전도-절연체-초전도 접합에서 전자쌍의 터널링 현상을 발견한 공로로 1973년에 노벨 물리학상을 받았다.

물리학상을 수상하기로 결정했습니다."

고체에서 터널링 현상은 이미 넓은 분야에 걸쳐 응용되고 있다. 조셉슨 접합을 이용한 기기 중 가장 대표적인 장치가 아주 작은 자기장을 정밀하게 측정할 수 있는 기기인 초전도양자간섭기*다. SQUID는 인류가 만든 자기 센서 중 감도가 가장 뛰어나다. 인간의 몸에는 혈액이 흐르고, 혈액에는 나트륨과 염소 이온이 포함되어 있다. 인간의 신경은 전자의 움직임을 이용해서 신호를 뇌로 전달한다. SQUID는 뇌에서 발생하는 작은 자기신호를 감지한다. 간질 등 뇌기능에 이상이 있을 경우 비정상세포에서는 정상세포와는 다른 형태의 뇌파가 발생한다. SQUID는 이런 뇌파 차이를 구분해 준다. 심장에서도 전기 흐름에 따른 자기장이 발생한다. 심장에서 발생하는 생체자기신호는 뇌보다

* SQUID: Superconducting Quantum Interference Device

100배 정도 크다. SQUID는 뇌과학 및 인지과학 연구에서 중요한 수단이 되고 있다. SQUID를 이용하면 부정맥에 의한 돌연사의 조기진단이나 태아 심장 기능의 이상 유무를 기존의 심전도보다 정밀하게 진단할 수 있다.

뇌파나 심자도 이외에도 신개념의 양자간섭소자는 절대온도 0도 근처에서의 온도 측정, 중력파의 검출, 채광 후보지의 예측, 물 또는 산을 통한 통신 등 광범위한 분야에 응용되고 있다. 약 50마이크로테슬라인 지구 자기장의 100억 분의 1 정도의 작은 자기신호까지 검출할 수 있다. SQUID를 이용한 자기 검출기는 재료의 자기적 특성 측정, 현미경, 고감도 DNA 및 항체검사 등에 활용되고 있다. 이밖에도 지하수, 유전 및 광물 탐사 등을 위한 장치가 개발되고 있으며, 폭발물 탐지 및 잠수함 탐지 등 군사적 응용분야에도 활용이 가능하다.

초전도 양자간섭소자와 더불어 조셉슨 디바이스(Device)를 이용한 메모리 소자의 개발에 거는 기대 또한 크다. 조셉슨 디바이스는 초전도 전자의 흐름을 이용한다. 초전도 전류는 저항이 없이 흐르기 때문에 전력소비량이 반도체 소자인 실리콘의 100분의 1 정도로 작다. 현대는 정보통신 반도체의 세상이다. 메모리 반도체에 많은 회로를 집적하려면 회로의 선 폭을 수십 나노미터* 크기로 만들어주어야 한다. 저항이 작을수록 많은 회로를 집적할 수 있다. 실리콘 반도체의 집적기술은 한계에 도달했다고 보아야 한다. 저항이 제로인 초전도소자를 이용하면 많은 회로를 집적할 수 있다. 또한 저항제로인 초전도 전자의 움직이는 속도는 반도체보다 20-50배 빠르다. 조셉슨 소자를 다이오드나 트랜지스터로 만들어 스위칭 소자(Switching device)로 사용한다면 초고속 컴퓨터를 개발할 수 있다.

* Nanometer, 10^{-9} meter

Superconductivity

— 고온(高溫) 초전도체의 발견

— 과학계, 흥분과 혼란으로

— 녹색가루(Green powder) 사건의 전말

— 초전도, 파티는 끝났는가?

— 녹색 물질도 쓸모가 있네

— 씨앗을 심자

— 경계에 잡힌 자기장

— 마에다 선생의 막자사발

— 보관함에 있던 그 물질이…

— 사라진 잠수함-레드 옥토버(Red October)

— 자석이 된 초전도체

— 공중에서 회전하는 휠-에너지를 저장하다

— 초전도, 어디에 사용되나

Part 2

고온 초전도체의 발견과 그 이후

Superconductivity

고온(高溫) 초전도체의 발견

고온 초전도체의 발견으로 1987년에
노벨 물리학상을 수상한 베드노르즈와 뮬러

1986년 봄 스위스 아이비엠 취리히 연구소(IBM Zurich Research Laboratory)의 고체물리연구실. 뮬러*와 베드노르즈**는 막자사발에 분말을 섞어서 새로운 물질을 만들고 있었다. 뮬러가 베드노르즈에게 말을 걸었다.

"베드노르즈 박사, 오네스 박사가 초전도 현상을 처음 발견한 것이 1911년입니다. 그리고 70여 년이 지난 지금까지 초전도 임계온도는 겨우 19도 상승했습니다. BCS 이론에서 초전도 임계온도가 그다지 높지 않을 거라고 했는데, 1973년에 금속 합금형 초전도체인 나이오븀게르마늄***이 발견된 이후 더 이상 진전이 없습니다. 지금까지 발견된 모든 물질의 초전도 임계온도는 BCS 이론이 제시한 초전도 임계온도 한계인 30-40K 이내에 있습니다."

카멜링 오네스가 1911년 수은에서 초전도 현상을 발견한 이후 1973년까지 최고 초전도 임계온도는 23.3K에서 멈추었고, 그 후 10년이 지나도 그 기록은 0.1K도 전진하지 못하고 있었다. 초전도를 연구하는 과학자들은 거의 체념상태에 있었다. 초전도 연구를 선도해 왔던 미국 IBM에서 터널링 현상을 이용한 초전도 컴퓨터 연구에서 손을 떼겠다고 선언함에 따라 초전도 연구는 침체기에 돌입했다. 일본 역시 초전도 관련 예산이 삭감되면서 연구자들은 BCS 이론의 장벽 앞에서 힘든 시간을 보내고 있었다. IBM 취리히 연구소의 상황도 별반 다르지 않았다. 유전체 연구의 전문가인 베드노르즈와 뮬러는 지난 3년 동안 신물질 합성 연구에 모든 시간을 보냈다. 베드노르즈의 책상 서랍은 그 동안 만들었던 시료의 조각들로 가득했다. 뮬러가 말했다.

"베드노르즈 박사, 저희가 지난번에 논의한 적이 있습니다만 이제까지 발

* Karl Alexander Müller, 1927-, 스위스의 물리학자

** Johannes Georg Bednorz, 1950-, 독일의 물리학자

*** Nb_3Ge, 초전도 임계온도 23.3K

> 납, 수은과 같은 단원소 제1종 초전도체와 NbTi와 Nb$_3$Sn과 같은 합금형 제2종 초전도체

견된 초전도 물질들은 상온에서 전기가 잘 흐르는 금속 물질들이었습니다. 이런 물질에서 새로운 초전도체를 찾는 작업은 이제 한계에 온 것 같습니다. 제 생각으로는 금속보다는 산화물이나 다른 화합물에 관심을 가져야 할 것 같습니다. 저희가 그 동안 산화물 유전체를 연구하지 않았습니까? 베드노르즈 박사의 박사학위 논문 주제로 연구한 스트론튬타이타네이트(SrTiO$_3$) 같은 물질에 어떤 힌트가 있을 수 있습니다."

"그렇지요. 유전체는 금속과 산소가 결합한 산화물이지요. 그런데 산화물은 일반적으로 상온에서 전기가 그렇게 많이 흐르지는 않는데 그런 물질이 초전도가 될까요?"

"온도가 1K로 매우 낮지만 1964년에 티탄-스트론튬(Ti-Sr) 산화물에서 초전도 현상이 발견되었지요. 산화물은 금속 합금과는 달리 자유롭게 움직이는 전자가 매우 적습니다. 그런 물질에서 초전도 현상이 일어난다는 것이 흥미롭습니다."

"그렇습니다. 다른 연구자들이 발견한 초전도 물질 중에 리튬-타이타늄 산화물(Li-Ti-O)이 있습니다. 초전도 임계온도가 13.7K로 제법 높습니다. 산화물 중에서도 특별한 결정구조인 페로브스카이트(Perovskites) 구조를 가지는 물질을 주목해 보아야 할 듯합니다. 그 구조에서 초전도 현상이 나타납니다. 산화물로써 초전도체가 되는 물질로 바륨-납-비스무스 산화물 (BaPb$_{1-x}$BiO$_x$)이 있습니다. 초전도 임계온도가 13K인데, 저는 이런 형태의 산화물을 보면서 산화물 중에 초전도 임계온도가 높은 물질이 있을지도 모른다는 생각이 듭니다."

뮬러는 1927년생으로 스위스에서 출생했다. 1958년에 취리히에 위치한 스위스 연방기술대학(Swiss Federal Institute of Technology)에서 박사학위를 받았다. 그는 1963년에 취리히의 IBM 연구소에 입사해서 고체물리 연구실에서 일하고 있었다. 베드노르즈는 1950년 독일의 라인강의 북부지역

에서 초등학교 선생인 아버지와 피아노 교사인 어머니 사이에서 넷째로 태어났다. 부모는 베드노르즈가 음악가가 되기를 원했지만 베드노르즈는 음악보다는 모터사이클이나 차를 수리하는 일에 더 흥미를 느꼈다. 그는 중학교에 들어가서 고전음악에 관심을 가지고 바이올린과 트럼펫을 열심히 배웠다. 18세 때 뮨스터 대학(Muenster University) 화학과에 입학했으나 나중에 물리 분야인 결정구조학(Crystallography)으로 전공을 바꾸었다. 베드노르즈는 대학 4학년 때인 1972년에 교수의 추천으로 인턴 학생으로 스위스의 취리히에 있는 IBM 연구소에서 실습을 했다. 이 기간중에 당시 물리부장이던 뮬러 박사를 만났다. 뮬러 박사와 함께 일하는 동안 그는 뮬러 박사를 깊이 존경하게 된다. 1977년부터는 취리히에 있는 스위스 연방 공과대학(Swiss Federal Institute of Technology)의 고체물리학 연구소에서 박사과정을 밟았다. 베드노르즈는 스트롬튬타이타네이트($SrTiO_3$)와 같은 페로브스카이트형의 고체 용액의 결정성장, 구조 그리고 유전체의 특성 등을 연구하여 박사학위를 받고 1982년에 IBM 취리히 연구소에 정식으로 입사했다.

두 사람은 산화물을 대상으로 초전도가 되는 물질을 만들어 보기로 했다. 페로브스카이트 구조를 가지는 산화물을 만들기 위한 원소로 산화바륨(BaO)과 산화구리(CuO), 산화란타늄(La_2O_3)을 선택했다. 원료의 조성과 열처리 조건을 달리해서 많은 화합물을 만들어 보았지만 초전도 현상을 보이는 재료는 없었다. 많은 시행착오를 거쳐 두 사람은 원료물질을 적당한 비율로 섞어서 분말을 얻어서 900도 부근에서 열을 가해 페로브스카이트 구조를 가지는 새로운 물질을 만들었다. 베드노르즈는 합성된 물질 시료에 대해 온도를 내려가면서 전기저항을 측정하던 중 주목할 만한 현상을 발견하고 뮬러를 불렀다.

"뮬러 박사님, 이 온도-저항곡선을 좀 보세요. 매우 흥미로운 움직임을 보입니다. 이 시료의 전기저항이 온도에 대해 감소하다가 절대온도 35K 부근에서 급격히 감소합니다. 또 열처리 온도를 다르게 하면 마치 반도체와 같이 온도가 내려가며 저항이 상승하다가 35K 부근에서 급격히 떨어집니다. 그리고 13K에서 저항이 제로가 됩니다. 흥미롭지 않습니까? 이 물질에서 처음 관찰되는 현상입니다. 여러 시료들의 공통적인 현상은 대부분 저항이 35K 부근에서 급격하게 감소한다는 점입니다. 혹시 이 온도에서 초전도 현상이 시작되는 것은 아닐까요?"

온도-저항 곡선을 보고 있던 뮬러도 베드노르즈와 같은 의견을 제시했다.

"저도 같은 의견입니다. 초전도 현상이라고 보아야 할 것 같군요. 만일 이것이 사실이라면 저희가 세상에서 가장 높은 온도에서 초전도가 되는 물질을 만든 것입니다."

두 사람은 실험 결과를 재현하고자 바륨/란타늄(Ba/La) 비율을 조금씩 바꾸어서 제조한 시편의 전기저항을 측정해 보았다. 그 결과, 특정한 화학조성에서 초전도 임계온도가 급격히 상승했다. 두 사람은 이제껏 세상에 없었던 새로운 초전도 물질을 만든 것이었다. 게다가 그들이 만든 물질의 초전도 임계온도는 그때까지 학계에 보고된 어떤 물질보다 높았다. 그들은 결과를 정리해서 독일 물리학 잡지인 *Z. Physic B*에 논문을 기고했다.

베드노르즈와 뮬러가 합성한 물질은 상온에서는 전기가 잘 흐르지 않는 돌(Stone)과 같은 물질이다. 새로운 물질을 발견한다는 것은 열정과 노력뿐만 아니라 어느 정도의 운도 따라야 한다. 사실 베드노르즈와 뮬러 이전에 프랑스의 미셸이 유사한 산화물을 합성했었다. 그가 자신이 만든 물질에 대해 전기저항을 측정했다면 미셸이 새로운 초전도체의 최초 발견자가 되었을지도 모른다. 베드노르즈와 뮬러는 미셸의 연구결과를 참고로 해서 3년간 약 300종의 산화물 합성을 시도한 끝에 초전도 임계온도가 35K인 물질 합성에 성공했다. 두 사람이 《독일 물리학회》지에 발표한 논문은 1980년대 후반 전세계 과학계를 요동치게 만든다.

● 새로운 물질의 합성(발견)은 쉽지 않다. 그것은 바닷가 백사장에서 모래알을 찾는 것과 같은 작업이다. 원료원소가 3-4가지에, 배합비율이 맞아야 하고, 그것이 잘 만들어 지는 온도와 압력, 시간이 맞아떨어졌을 때 새로운 물질이 합성된다. 이 변수의 조합을 확률로 계산을 하면 거의 제로에 가깝다. 그래도 과학자들은 확률 제로에서 작은 신호라도 얻으면 그것을 붙들고 최상의 노력을 경주한다. 한 사람이 시작하고, 다른 사람이 계속 연구하다 포기한 것을 또 다른 과학자가 다시 시도해 가면서 단서들을 축적해 간다. 막자사발로 분말을 섞고, 고온에서 구워내어 하나의 시편을 얻는다. 베드노르즈와 뮬러 박사의 연구실 책상 서랍 속에는 이런 노력의 흔적인 산화물 시편의 파편들이 수북했다고 한다.

두 사람의 연구결과는 물리학적으로 매우 중요한 의미를 가진다. 1959년에 발표되어 1972년에 노벨 물리학상을 수상한 BCS 이론은 초전도 현상을 완벽하게 설명했다고 인정받은 이론이다. 물리학계에서는 BCS 이론의 노벨상 수상으로 초전도 현상의 모든 비밀이 풀린 것으로 인정해 왔다. 완벽하고 아름답다는 평을 들어온 BCS 이론이 규정한 초전도 임계온도의 한계는 30-40K였다. 이 한계온도는 30-40K 이상에서 초전도 현상을 나타내는 물질은 우주에 존재하지 않음을 의미한다. 섭씨 영하 243도 이하에서나 초전도 현상을 볼 수 있다고 했다. 그런데 베드노르즈와 뮬러가 만든 초전도체의 임계온도는 35K 부근이었다. 모든 과학자들이 동의한 BCS 초전도 임계온도 한계 부근인 것이었다. 이들의 논문 이후에 초전도 임계온도가 100K가 넘는 초전도 물질이 발견되었다. 그렇다면 과학자들이 알지 못하는 초전도 현상의 새로운 비밀이 있거나 완전하다는 BCS 이론에 수정을 가하거나 둘 중의 하나다. 두 사람의 논문 이후에 전세계의 내로라하는 물리학자들은 모두 새로운 개념의 초전도체인 산화물 초전도체 연구에 도전하게 된다. 그리고 베드노르즈와 뮬러는 고온 초전도체를 발견한 공로로 논문을 발표한 불과 1년 후인 1987년에 노벨 물리학상을 수상했다.

노벨상은 어떤 경우에 주어지는 상인가? 이론이든 실험이든 어느 한 부분 불확실함이 없다고 학계에서 인정할 수 있어야 노벨상 수상이 가능하다. 금세기 최고의 과학자인 아인슈타인의 상대성이론은 노벨상을 수상하지 못했다. 그 당시의 학자들의 수준으로는 상대성이론을 잘 이해하지 못했기 때문이다. 그만큼 이론 연구로 노벨상을 받기는 어렵다. 아인슈타인은 금속 등의 물질에 일정 진동수의 빛을 쪼여 주었을 때 표면에서 전자가 튀어나오는 성질인 광전효과로 노벨상을 수상했다. 실험에 의한 결과는 검증하기 쉽기 때문에 이론 연구보다 노벨상을 수상하기가 쉽다.

베드노르즈와 뮬러의 초전도 신물질 발견 1년 후에 90K에서 초전도가 되는 물질의 합성이 보도됨에 따라 세계의 물리학계는 흥분의 도가니에 빠졌

Possible High T_c Superconductivity in the Ba−La−Cu−O System

J.G. Bednorz and K.A. Müller

IBM Zürich Research Laboratory, Rüschlikon, Switzerland

Received April 17, 1986

Metallic, oxygen-deficient compounds in the Ba−La−Cu−O system, with the composition $Ba_xLa_{5-x}Cu_5O_{5(3-y)}$ have been prepared in polycrystalline form. Samples with $x=1$ and 0.75, $y>0$, annealed below 900 °C under reducing conditions, consist of three phases, one of them a perovskite-like mixed-valent copper compound. Upon cooling, the samples show a linear decrease in resistivity, then an approximately logarithmic increase, interpreted as a beginning of localization. Finally an abrupt decrease by up to three orders of magnitude occurs, reminiscent of the onset of percolative superconductivity. The highest onset temperature is observed in the 30 K range. It is markedly reduced by high current densities. Thus, it results partially from the percolative nature, bute possibly also from $2D$ superconducting fluctuations of double perovskite layers of one of the phases present.

● 베드노르즈와 뮬러 박사가 노벨상을 수상한 논문의 초록이다. 고온 초전도체 연구의 시발점이 된 이 논문은 1986년에 Z. Phys.에 게재되었다. 두 사람은 1986년에 란탄-바륨-구리-산소로 이루어진 산화물에서 저항이 제로가 되는 초전도 현상을 발견했다. 저항이 감소하는 온도는 35K 부근이었다. 예상하지 못한 산화물에서의 초전도 물질의 탄생은 BCS 초전도 이론의 수정과 신물질에 의한 새로운 산업의 창출을 의미했다. 과학계는 신물질이 세상을 변화시킬 것이라고 흥분했다. 베드노르즈와 뮬러 박사는 논문이 발간된 다음해인 1987년에 노벨 물리학상을 받았다. 어떤 학자가 말했다. "그다지 유명하지도 않은 독일 잡지에 실린 이 허름한 5페이지짜리 논문이 발표된 지 1년 만에 노벨 물리학상을 받다니…"

다. 수년 후에 초전도 임계온도는 120K를 넘어섰다.

"120K. 상상할 수 없이 높은 온도입니다. 그렇다면 상온 초전도체도 가능하지 않을까요?"

과학자들은 높은 온도에서 초전도가 되는 산화물 초전도체를 기존의 초전도체와 구별해서 '고온 초전도체(High temperature superconductor)'라고 명명했다.

Superconductivity

과학계, 흥분과 혼란 속으로

베드노르즈와 뮬러가 독일 물리학회지인 《자이츠 피직크(Zeitschrift für Physik B Condensed Matter)》에 새로운 초전도 물질 합성에 대한 연구결과를 논문으로 게재한 것이 1986년 9월이었다. 그들이 보고한 신물질의 초전도 임계온도는 이제까지 금속계 초전도체에서 보고된 온도의 최고치인 23K보다 훨씬 높은 30-35K 부근이었다. 하지만 새로운 초전도 물질의 보고에도 불구하고 이 논문에 대해 관심을 갖는 사람들은 그다지 많지 않았다. 그 이유는 두 사람이 논문을 게재한 Z. Phys.라는 잡지가 국제적으로 그다지 유명한 학술잡지가 아니었고, 또한 저자들조차도 신물질이 완벽한 초전도라는 확신이 크지 않아 논문 제목에 신중하게 '가능성(Possible)' 이라는 단서를 붙였기 때문이다. 그 동안 여러 차례 새로운 초전도 물질이 발견되었다는 보고가 있었지만 시간이 지나서 헛소문으로 판명되는 일이 자주 있었다. 어떤 물질이 초전도체라는 것을 증명하려면 제로저항과 함께 초전도만의 특성인 반자성 결과를 보여주어야 하는데 두 사람의 논문에는 온도-저항 곡선만 제시되어 있었다.

베드노르즈와 뮬러가 합성한 란탄바륨 산화물(La-Ba-Cu-O)에 대해 관심을 표명하고 내부적으로 검증작업을 진행한 몇 개의 연구그룹이 있었다. 그 중의 한 곳이 동경대학의 다나카 쇼지(Tanaka Shoji, 1927-2011) 연구실이었다. 지금은 고인이 된 다나카는 오랫동안 일본 초전도 연구를 이끌어 온 물리학자다. 1986년 늦가을에 다나카의 지시에 의해 동경대학 공학부의 한 연구실이 베드노르즈-뮬러의 논문결과에 대한 재현 실험을 하고 있었다. 다나카가 말했다.

"기타자와* 선생, 이 논문에 나와 있는 란탄바륨 산화물에 관심을 가져 봅시다. 이 논문에 보고된 물질은 기존에 알려진 금속이나 금속합금계가 아니

Koichi, Kitazawa, 1943–2014, 다나카의 후임으로 일본의 고온 초전도 물리학을 이끈 연구자

라 금속과 산소가 결합한 산화물입니다. 우리가 그 동안 연구해 온 물질이 바륨-납-비스무스 산화물 아닙니까. 산화물이란 관점에서 같은 유형의 물질입니다. 초전도의 증거인 반자성에 관한 데이터가 제시되어 있지 않아서 초전도 현상의 데이터로서 신뢰도가 떨어지는 면은 있지만 35K 부근에서 저항이 감소하는 초전도의 징후가 있음에 관심을 가질 필요가 있습니다. 매우 높은 온도에서 저항이 떨어지고 있어요. 전세계적으로 아직 이 온도에서 초전도의 징후를 본 사람이 없습니다. 우리가 한 번 확인해 봅시다."

"다나카 선생님 생각에 동의합니다. 이 온도가 사실이라면 BCS의 온도한계를 넘을 수 있습니다. 흥미롭습니다. 곧바로 시료를 만들어 보겠습니다."

베드노르즈-뮬러의 논문 발표 후 두 달이 지난 1986년 11월에 동경대학교 연구팀은 자체적으로 합성한 시료를 대상으로 초전도 확인실험에 들어갔다. 동경대학의 실험실은 초전도 특성인 완전반자성을 측정할 수 있는 장치인 스퀴드(SQUID)라는 장치를 보유하고 있었기 때문에 IBM 취리히 연구소보다 상대적으로 정확한 측정을 할 수 있었다.

시료를 스퀴드 장치에 넣어서 자장을 가하면서 온도를 극저온인 4K로 내려 자성 특성을 측정한 결과, 합성한 시료에서 초전도의 특성인 마이너스 부호의 반자성이 확인되었다. 조교가 컴퓨터 모니터를 손가락으로 가리키면서 말했다.

"여기 보십시오. 자기 모멘트가 마이너스입니다. 초전도 현상인 반자성의 증거입니다. 완전반자성이네요."

"아, 그렇군요. 그런데 온도가 4K라면 아주 낮은 온도입니다. 온도를 서서히 올리면서 자기 모멘트의 변화를 지켜봅시다."

온도를 올리면서 결과를 지켜보던 연구자들이 탄성을 자아냈다.

"선생님, 저기를 보십시오. 온도가 10K를 넘었는데 여전히 반자성 신호가 나타납니다. 저희가 연구해 온 바륨-납-비스무스 산화물보다 초전도 임계온도가 높은 듯합니다."

연구진들은 계속 모니터를 숨죽여 지켜보았다.

"선생님, 초전도 징후가 20K를 넘어서고 있습니다. 대단합니다. 한마디로 새로운 초전도체의 탄생입니다."

그들이 합성한 물질은 23K에서 초전도에서 상전도(정상상태)로 바뀌었다.

"선생님, 놀랍습니다. 이 새로운 초전도 물질이 초전도 연구의 새로운 지평을 열어줄 것 같습니다. 처음 만든 시료가 이 정도라면 저희가 좀더 체계적으로 시료를 합성하면 초전도 임계온도는 더 올라갈 것이 분명합니다. 이 물질을 통해 BCS 초전도 임계온도 한계를 넘어설 수도 있습니다. 정말 흥분됩니다."

조교가 말했다.

"기타자와 선생님, 이 결과를 다나카 선생님께 지금 알려드릴까요, 아니면 측정을 더 해본 다음에 알려드릴까요? 혹시 실험에 실수가 있을 수 있다면 나중에 꾸중을 들을 수 있어서요. 측정 결과가 재현되는지 확인한 후에 알려드리는 것이 어떨까요?"

"아닙니다. 이 결과는 매우 중대한 결과입니다. 먼저 다나카 선생님께 알려드리고 실험을 계속 진행하는 것이 좋겠습니다."

새로운 초전도 물질에 대한 연구결과는 연구 총책임자인 다나카에게 보고되었다. 동경대 연구팀은 새로운 물질이 아직 완전한 상태가 아님을 알고 있었다. 초전도 물질이 합성된 것임에는 틀림이 없었지만 시료의 최적조성을 찾아낼 필요가 있었다. 연구팀은 완전한 초전도 물질을 만들 수 있다면 초전도 연구의 한 획을 긋는 획기적인 결과를 도출할 수 있을 것으로 믿고 있었다. 동경대학교 연구실은 연구팀을 재조직하고 초전도 연구의 새로운 장을 열어갈 준비에 돌입했다.

"선생님, 논문에 발표된 신물질의 조성이나 저희 연구팀이 재현한 시료로 만든 조성 모두 초전도 물질이 100%는 아닙니다. 시료 중의 일부만이 초전도가 됩니다. 앞으로 100% 완전한 초전도 물질을 찾는 노력이 필요합니다. 그렇게 되면 어떤 원자구조에서 초전도현상이 발현되는지 알아낼 수 있습니다."

신물질 초전도체의 완전반자성 성질을 확인한 이후 동경대 연구팀은 물질의 정확한 화학조성과 구조를 밝히는 작업에 들어갔다. 그리고 하나하나 신물질의 정체를 알아갔다.

다나카는 연구팀이 얻은 결과를 일본 물리학회에 기고한 후에 베드노르즈와 뮬러가 합성한 새로운 초전도물질을 확인했음을 신문보도를 통해 알렸다. 과학계에서는 학문적인 결과가 과학논문으로 게재되기 전에 신문을 통해 알려지고 있는 사실에 놀라움을 금치 못했다.

"새로운 초전도 물질을 동경대 다나카 교수 연구팀이 합성해서 확인했다는 보고가 신문에 실렸습니다. 그 보도 보았습니까? 과학계 논문보다 신문보도가 먼저라니. 이런 일은 처음입니다. 좀 비상식적이고 학문을 하는 학자로의 올바른 자세가 아닐 수 있다는 우려가 있습니다."

다나카가 학술잡지를 통해 논문이 게재되기 전에 신문을 통해 과학적인 결과를 알리게 된 데는 특별한 이유가 있다. 베드노르즈와 뮬러는 신물질 합성에 대한 결과를 자국 학술지인《독일 물리학회》지에 기고했다.

'왜 그들은 세기적으로 큰 반향을 몰고 올 수 있는 대단한 과학적 결과를 그다지 유명하지 않은 독일 잡지에 기고했을까?'

그것은 연구결과에 대한 보안 때문이었다. 만약 자신들의 논문을 좀더 국제적으로 명성이 있는 잡지에 기고했을 경우 연구결과가 잡지 편집인들에게 노출되고, 그로 인해 편집인 중 건전하지 않은 사람들이 결과를 유출해서 간단한 재현실험 후에 본인들의 결과라고 학계에 발표할 수 있다는 우려 때문이었을 것이다. 그래서 베드노르즈와 뮬러는 자신들이 신뢰할 수 있는 편집인들이 있는 독일의 과학잡지에 논문을 기고했고, 다나카 역시 과학적인 결과를 신문에 먼저 보도한 것이었다.

이제까지 세계의 과학자들은 30K 이상에서 초전도 현상을 나타내는 물질은 우주에 존재하지 않을 것으로 믿어왔었고, 그렇기 때문에 초전도 임계온도가 35K인 신물질의 합성은 노벨 물리학상을 기대할 수 있을 정도였다. 자신들의 연구결과가 그만큼 국가적으로 대단히 중요한 사안이라는 생각에 다나카는 신문매체를 선택했던 것이다. 일본의 보도자료를 본 뮬러는 다나카에게 직접 전화를 걸어서 감사의 말을 전했다.

"다나카 교수님, 저희 연구결과를 확인해 주셔서 감사합니다."

동경대 연구팀의 확인 연구로 신물질 발견에 대한 소식은 전세계로 퍼져 나갔다. 동경대 연구팀을 대표해서 기타자와는 1986년 12월에 미국 보스톤에서 열린 국제학회에 참석해서 자신들의 연구결과 중의 중요내용을 발표했다. 그것은 초전도체 현상을 나타내는 물질의 구조분석 결과였다.

"우리는 이미 새로운 초전도 물질의 구조를 완전히 이해하고 있습니다. 여러 조성을 선택해서 시료를 만들어서 시료의 초전도 성질을 측정하고, 합성된 물질의 구조를 분석한 결과, 초전도 현상을 나타내는 물질이 란탄과 바륨이 각각 2개, 구리가 하나이고 산소가 4개인 $[La,Ba]_2CuO_4$라는 것을 밝혀냈습니다. 이제 저희 연구팀은 100% 순수한 초전도 신물질을 합성할 수 있는 기술을 보유하게 되었습니다."

다나카 연구팀의 보고로 전세계 과학계는 초전도 신물질 합성연구의 시급성과 중요성을 인식하게 되었고, 이후 미국과 일본을 비롯한 전세계의 과학계와 산업계는 초전도 연구에 막대한 예산을 투입했다. 일본은 란탄바륨 산화물의 후속연구로 란탄을 유사 희토류 원소인 이트륨으로 바꾸는 연구를 통해 초전도 임계온도를 30K에서 90K로 올리는 성과를 기록했다. 이 결과로 과학계는 흥분의 도가니에 빠져버렸다.

"지난 수십 년 동안 초전도 임계온도는 겨우 23K에 머물러 있었습니다. 이번에 합성된 산화물 초전도체에서 원소 하나만을 바꾸었을 뿐인데 초전도

Copyright© CJ Kim

● 영구자석 장난감으로 구성해 본 원자배열 결정 구조. 원자들은 고체 내부에서 일정한 규칙을 갖고 배열한다. 배열의 원리는 각 구성원자의 최외곽에 위치해 있는 전자의 수와 관계가 있다. 원자의 배열형태가 물질의 성질을 결정한다. 어떤 경우에는 외부환경에 의해 원자배열이 뒤틀리기도 한다. 초전도 신물질의 결정구조는 옆의 그림과 구조와 유사하다. 산화물 초전도체는 페로브스카이트(Perovskite)라는 특별한 결정구조 갖는다. 이 구조에서 전자들이 저항 없이 흘러간다.

임계온도가 두 배 이상으로 올라갔습니다. 정말 놀라운 일입니다. 90K라면 액체질소 온도인 77K보다 13K나 높습니다. 이제 값이 비싸고 희소한 액체 헬륨을 사용할 필요가 없게 되었습니다. 정말 초전도에 의한 제3차 산업혁명을 기대해도 될 것 같습니다."

일본의 과학계는 90K의 초전도 임계온도를 가지는 신물질 합성의 선도적인 연구결과에 내심 노벨 물리학상 수상을 기대하고 있었다.

미국에도 베드노르즈와 뮬러의 연구에 관심을 가진 연구그룹이 있었다. 그 그룹은 휴스턴(Houston) 대학의 츄 교수 연구팀이었다. 츄 연구팀은 초전도 화합물 합성에 대한 연구를 수년째 해오고 있었다. 그는 초전도 물질에 외부에서 압력을 가했을 때 초전도 임계온도가 높아지는 현상을 발견했다. 츄가 연구팀과 미팅에서 연구자들에게 압력실험에 대한 자신의 생각을 이야기했다.

Paul Chu, 1941년생, 대만계 미국인으로 미국을 대표하는 초전도 연구자

"제 생각으로는 어떤 물질이든 원자들은 일정 공간에서 특별한 배열을 하고 있습니다. 물체에 압력을 가하면 규칙적인 배열을 하고 있는 원자들이 서로 가까워집니다. 원자들의 거리를 측정해 보았는데 거리가 짧아질수록 전기가 더 잘 흐릅니다. 저는 우리 팀에서 IBM 취리히에서 발표한 란탄바륨산화물을 합성해서 압력을 가하는 실험을 해보면 어떨까 합니다."

츄 교수의 설명 후에 연구팀은 란탄바륨산화물 초전도체를 합성하기 위한 연구에 돌입했다. 연구팀은 일본의 다나카 교수 연구팀과 마찬가지로 란탄바륨산화물이 35K에서 초전도 현상을 나타내는 물질이라는 것을 확인했다. 그리고 합성한 고체에 압력을 가하는 실험을 통해 초전도 임계온도가 상승한다는 것을 확인한다.

"새로운 산화물 초전도 물질에 대해 외부에서 압력을 가했을 때 초전도 임계온도가 올라가고 있습니다. 우리가 예측한 대로 압력에 의해 원자들의 간격이 좁아지고 있고, 이것이 전자들의 흐름에 도움을 주고 있는 것이 분명합

니다. 그렇다면 란탄바륨산화물에서 어떤 원소를 다른 유사한 원소로 치환해서 원자들의 간격을 좁힐 수는 없을까요?"

츄의 아이디어가 실제로 실험에 옮겨졌다. 연구팀은 란탄(La)을 란탄과 성질이 비슷하고 원자크기가 조금 다른 유사 희토류 원소인 이트륨(Y)으로 바꾸어 보기로 했다. 이렇게 한 원소를 다른 유사원소로 치환하는 실험을 원소 도핑(Doping) 실험이라고 한다.

"희토류 원소들은 물리, 화학적으로 아주 유사합니다. 원소의 최외곽 전자 수는 동일하고 단지 원자의 크기가 조금 다를 뿐입니다. 만일 란탄을 이트륨으로 바꾸었을 때 이트륨이 바륨보다 원자들을 강하게 잡아당긴다면 원자 간 간격이 좁혀질지도 모르지요."

츄 연구팀은 란탄을 이트륨으로 치환한 여러 조성의 시료를 만들어서 초전도 임계온도를 측정하던 중에 상상할 수 없는 높은 온도에서 초전도 현상이 나타나는 것을 관찰했다. 그 물질의 초전도 임계온도는 놀랍게도 91K이었다.

"야, 정말로 대단한 발견입니다. 초전도 임계온도가 무려 91K라니. 원소 하나만을 바꾸었을 뿐인데 초전도 임계온도가 50K 이상 올라갔습니다. 이것은 정말로 세기적인 연구성과입니다. 우리가 이 일을 해내다니, 정말 놀랐습니다."

"그렇습니다. 이제 시작일 뿐입니다. 91K에 도달했으니 더 높은 초전도 임계온도를 얻는 것도 불가능한 일이 아닙니다. 상온 초전도체를 합성할 수도 있습니다. 모두 초전도 신물질 연구에 매진합시다!"

츄는 연구팀에게 연구결과를 외부에 알리는 일에 신중할 것을 지시했다. 그 역시도 자신의 연구결과를 노벨상을 수상할 만한 대단한 결과로 인식하고 있었다. 1987년 2월에 츄는 초전도 임계온도가 91K인 새로운 물질을 발

- 일본 동경 대학 다나카 교수 연구실과 미국 휴스톤 대학 츄 교수의 연구실에서 거의 동시에 초전도 임계온도 91K의 고온 초전도 산화물($YBa_2Cu_3O_{7-y}$)을 합성했다. 두 연구그룹은 베드노르즈와 뮬러가 합성한 란탄바륨구리산화물에서 란탄(La)을 유사 희토류 원소인 이트륨(Y)으로 치환하여 초전도 임계온도를 50K 이상 올렸다. 초전도 임계온도가 금속이나 금속화합물 초전도 물질(초전도 임계온도가 30K 미만)에 비해 상대적으로 높은 산화물 초전도체를 이들과 구별하여 '고온 초전도체'라고 부른다.

견했다고 미국 물리학회에서 보고했다. 연구결과의 긴급성을 인식한 미국 물리학회에서 1987년 3월 8일 뉴욕 힐튼(Hilton) 호텔에 발표회장을 만들었다. 새로운 물질의 발견에 대한 보고를 듣기 위해 힐튼 호텔에 수천 명의 과학자들이 모였다. 주 행사장인 호텔 볼룸(Ballroom)은 앉을 자리가 없을 정도로 사람들이 몰려들었다. 자리를 확보하지 못한 2,000명은 행사장 밖에서 TV로 발표를 지켜보아야 했다. 발표장에는 신물질 합성의 중심에 있는 스위스 IBM의 뮬러와 휴스톤 대학의 츄가 참석해서 연구결과를 발표했다. 총 51편의 발표가 있었으며, 주 발표자인 뮬러와 츄에 10분의 발표시간이, 나머지 발표자에게는 5분이 주어졌다. 한 참석자가 말했다.

"과학 행사에 이렇게 많은 사람이 모이다니, 이건 물리학계의 우드스톡(Woodstock of Physics)이라고 해야겠군."

우드스톡 페스티벌은 1960년대 미국의 시대정신인 반전운동과 민권운동의 바람 속에 개최된 음악행사다. 우드스톡은 한 시대를 대표하는 미국의 포크 가수인 밥 딜런(Bab Dylun)의 고향이다. 우드스톡에서 음악 페스티발을 개최하려 했으나 지역 주민들의 반대로 무산되었고, 우드스톡 인근의 작은 도시에서 행사가 열렸다. 1969년 8월 15일부터 사흘 동안 열린 축제에는 제니스 조플린(Jannis Joplin), 조안 바에즈(Joan Baez), 지미 핸드릭스(Jimmy Handrix) 등 당대 최고의 록 스타와 포크 가수들이 총출동했으며 참가자는 50만 명에 이르렀다. 이후 우드스톡은 군중이 많이 모인 집회를 상징하는 단어로 고유명사화되었다.

고온 초전도 연구결과 발표장에는 잡지사, 신문사 기자, 텔레비전 방송사 팀들까지 참석해서 과학계의 놀라운 사건에 대해 경쟁적으로 취재했다. 명성이 있는 과학잡지들은 잡지에 게재될 논문을 검토하기 위한 초전도 전문위원회를 만들었다. 초전도 임계온도 91K 달성 소식은 실시간으로 신문사에 속보기사로 전송되었고, 행사장의 분위기는 더욱 뜨거워졌다. 물리학자, 화학자, 재료과학자들이 모인 호텔의 발표회장은 앉을 자리를 찾을 수 없어, 자리를 잡지 못한 사람들은 복도에 앉아 폐쇄회로 TV를 통해 발표내용을 듣고 있었다. 잠시 휴식시간이라도 되면 사람들은 삼삼오오 모여서 활기찬 대화를 나누었다. 초전도 신물질을 주제로 1987년 3월 18일 뉴욕 힐튼 호텔에서 개최된 미국 물리학회 행사는 물리학의 우드스톡으로 기억되고 있다.

행사장에서의 발표를 마치고 연구실로 돌아온 츄는 초전도 임계온도를 올리기 위한 신물질 합성연구를 계속했다. 91K 신물질 합성의 성공 이후에 츄의 연구실 분위기는 보수적이 되었다. 연구자들은 신물질 합성에 대한 분석결과를 다른 연구자에게 잘 알려주지 않았다. 연구팀을 분업화하고 각 팀이 맡은 업무 이외의 일에 대해서는 서로 잘 알지 못하도록 보안을 강화하는 경우가 잦았다. 초전도 신물질 합성에 대한 과학계의 상황이 너무나 급격하게 돌아가고 있는 상황이라서 극도의 보안이 필요했던 것이었다. 이런 보수적인 연구 분위기는 츄의 실험실에만 한정된 것은 아니었다. 다른 나라의 연구기관들도 대부분 연구결과에 대한 보완을 강화하고 정보의 유출을 극도로 제한했다. 츄는 특허를 청구했다는 이유로 한동안 새로운 초전도 물질의 정확한 화학조성을 알려주지 않았다.

츄 연구팀의 물질 합성을 담당한 연구자가 분석팀에게 합성한 물질의 성분 및 구조 분석을 요청했다.

"이 재료의 구조를 분석해 주기 바랍니다. X-선 회절법을 사용해 주시고 물질의 화학조성은 전자현미경으로 분석해 주시면 좋겠습니다. 입자들의 모양이 어떤 형태인지에 대해서도 분석해 주시기 바랍니다."

분석 담당자가 물었다.

"박사님, 이 물질은 어떤 물질입니까? 금속인가요, 아니면 금속산화물인가요?"

분석 의뢰자가 대답했다.

출처: http://woodstock.com/woodstock/wp-content/uploads/2014/03/johnseb.jpg

출처: http://www.wired.com/images_blogs/thisdayintech/2010/03/woodstock.jpg

● 제니스 조플린(Jannis Joplin), 조안 바에즈(Joan Baez), 지미 핸드릭스(Jimmy Handrix) 등 당대 최고의 록 스타와 포크 가수들이 총출동한 우드스톡 페스티발(Festival)에는 50만 명의 군중이 모였다(위 사진). 이후 우드스톡은 사람들이 많이 모인 집회를 상징하는 단어로 고유명사화되었다. 1986년 초전도 신물질을 주제로 힐튼(Hilton) 호텔에서 개최된 미국 물리학회 발표장에는 잡지사, 신문사 기자, 텔레비전 방송사 팀까지 참석해서 호텔의 발표회장은 앉을 자리를 찾을 수 없었다. 이 행사는 물리학의 우드스톡으로 기억되고 있다(아래 사진).

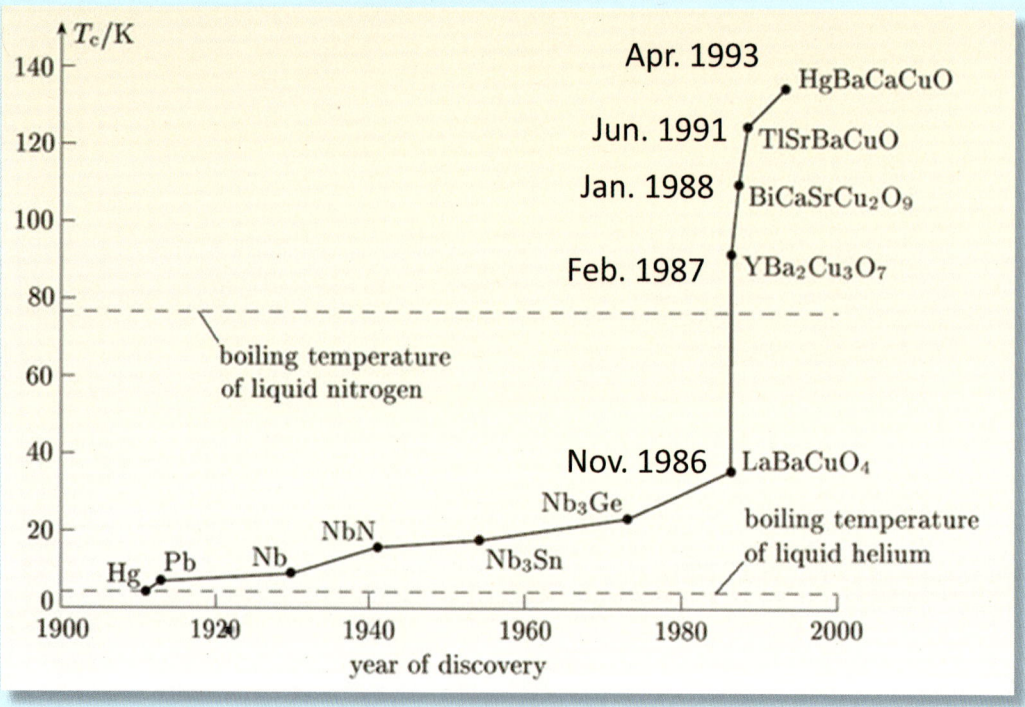

출처: http://www.doitpoms.ac.uk/tlplib/superconductivity/images/timeline.jpg

● 1911년 오네스 박사가 수은에서 초전도 현상을 발견한 이후 70여 년이 지난 1985년까지의 초전도 임계온도의 상승은 23K이다(연간 온도상승은 0.3K). 노벨 물리학상을 수상한 BCS 이론에서는 30-40K를 초전도 임계온도의 한계로 규정했다. 30K를 넘는 초전도 물질은 우주에 존재하는 않는다는 말까지 있었다. 하지만 1986년 베드노르즈와 뮬러의 초전도 신물질 발견을 시작으로 30K를 뛰어넘는 수많은 초전도체가 발견되었다. 1987년에 이트륨계 초전도체(91K), 1988년 비스므스계 초전도체(110K), 1991년 탈륨계 초전도체(125K), 1993년 수은계 산화물 초전도체(150K)가 합성되었다. 1986년에서 1993년 7년 동안의 초전도 임계온도는 30K에서 150K까지 급격히 상승했다. 이 기간 동안의 연간 초전도 임계온도의 상승은 17K나 되었다. 과학자들은 머지않은 미래에 상온 초전도체가 발견되기를 기대하고 있다.

"담당자는 자세히 알 필요 없습니다. 제가 부탁한 대로만 해주시면 됩니다."

담당자가 다시 물었다.

"박사님도 아시다시피 분석을 잘하려면 물질의 종류나 처음 설정한 화학조성을 알아야 하지 않겠습니까? 그런 사전 정보가 없으면 분석하는 데 시간이 많이 걸릴 뿐 아니라 분석이 정확하지 않을 수 있습니다."

의뢰자가 귀찮은 듯이 역정을 내면서 말했다.

"그렇게 자세한 것은 몰라도 됩니다. 그냥 제가 해달라는 것만 해주세요."

연구자들은 분석이 끝난 재료에 대한 물리적 성질을 측정하는 과정을 극도의 보안 상황에서 진행했다. 한 번은 조성분석 담당자가 시료를 들고 츄 교수를 찾아왔다.

"교수님, 제가 시편을 잘게 부수어서 분석을 하다 보니까 시편이 전체적으로는 검정색인데 시편 내부에 간혹 녹색을 띠는 물질이 있었습니다. 혹시 교수님이 찾는 물질이 이 녹색 물질입니까?"

츄 교수가 대답했다.

"글쎄요… 검정물질일 수도 있고, 녹색 물질일 수도 있습니다. 지금 상황에서는 각 물질의 화학조성을 잘 분석하는 것이 중요합니다."

연구결과에 대한 보수적인 보안과정중에 츄가 발견한 91K의 신물질이 녹색 물질이라고 전해지는 소동이 있었다. 이른바 '녹색 물질 사건'이었다. 연구자들은 소문으로 전해지는 '녹색 물질 초전도체'의 실체에 대해 의견이 찬성과 반대로 나뉘어 혼란에 빠지기도 했다. 어떤 연구자가 이렇게 말했다.

"금속 중에 녹색을 띠는 물질이 있습니까? 녹색의 금속? 그것은 전기가 안

통하는 절연체가 아닐까요?"

초전도 신물질의 발견으로 인해 과학계는 흥분했지만 그런 가운데 혼란도 컸다. 상온 초전도체를 발견했다든지, 동일한 물질에서 초전도 임계온도가 큰 폭으로 상승했다든지 하는 결과를 발표했다 거짓으로 판명되는 경우가 많았다. 과학계의 흥분과 혼란은 상당히 오랫동안 지속되었다.

1987년 베드노르즈와 뮬러는 BCS의 초전도 임계온도 한계를 넘어서는 새로운 초전도 물질인 란탄바륨산화물의 발견을 공로로 노벨 물리학상을 수상했다. 초전도를 연구하던 연구자들은 두 사람의 노벨상 수상에 대해 다양한 의견을 제시했다. 일본의 과학계는 큰 아쉬움을 표현했다.

"베드노르즈와 뮬러의 신물질 합성에 대한 노벨상위원회의 평가는 인정합니다. 하지만 그들의 연구결과는 매우 부실한 상태였습니다. 논문에 발표한 데이터는 온도-저항 곡선밖에 없었고, 본인들도 신물질에 대한 확신이 크지 않아 '가능성(Possible)'이란 표현을 사용했습니다. 일본은 신물질인 란탄바륨구리산화물의 정확한 조성과 결정구조 그리고 초전도의 확실한 증거인 완전반자성을 측정해서 신물질의 존재를 최종적으로 확인했습니다. 또한 일본의 물리학계는 초전도 임계온도가 91K인 초전도 물질을 세계 최초로 합성했습니다. 노벨상심의위원회가 우리의 노력도 고려했어야 했습니다."

일본 연구자들은 앞으로는 초전도 신물질 합성 연구의 물질에 대한 검증 작업에 하나의 규칙을 두자고 주장했다.

"그 동안 신물질 발견에 대한 보고가 얼마나 많았습니까? 그 중에 정말 누구나 인정하는 신물질로 확인된 물질이 얼마나 되었습니까? 대부분이 거짓 보고나 실험의 실수로 인한 잘못된 결과였지 않습니까? 이제부터는 초전도 신물질에 대해 검증하는 규정이 필요합니다. 초전도 신물질은 저항이 제로여야 하고, 완전반자성(마이스너) 신호가 있어야 하고, 어떤 원자배열을 하고 있는지 화학조성과 결정구조를 밝혀야 합니다. 그리고 마지막으로 언제, 어디서 누가 만들든지 똑같은 결과를 얻을 수 있어야 합니다. 이 네 가지를 초전도 신물질을 확인하는 공식절차로 규정했으면 합니다."

일본과 마찬가지로 미국도 노벨 물리학상 수상자 선정에 대한 불만을 토로했다.

"노벨상수상위원회가 우리의 노력을 간과한 것 같습니다. 베드노르즈와 뮬러는 30K에서 저항이 감소하기 시작하고 저항이 10K에서 제로가 되는 매우 초보적인 결과를 얻었습니다. 그것으로 고온에서 초전도가 되는 물질을 얻었다고 할 수 없습니다. 그 정도 온도에서 초전도가 되는 물질은 이전에도 많았습니다. 저희 연구팀은 91K에서 저항이 제로가 되는 그야말로 고온에서 초전도가 되는 물질합성에 성공했습니다. 저희 연구진의 결과는 전세계 초전도 연구자들의 연구에 지대한 영향을 주었습니다. 그런 공로를 고려했었다면 최소한 저희 연구자 중 한 사람은 공동 수상자가 되었어야 합니다."

노벨 물리학상은 인류의 과학발전에 기여한 과학자들에게 주어지는 최고의 명예다. 과학을 연구하는 사람이라면 누구나 노벨상을 받고 싶어한다. 그래서 노벨상 수상자 발표가 있을 때마다 수상자 선정이 명확했는지에 대한 불만이 있었다. 위원회는 국가위상이나 국가의 정치력과 경제력이 평가에 영향을 미치지 않도록 노력한다. 인종적인 편견이나 수상자의 공로에 대한 평가에 주관적인 의견이 반영될 수 있지만 그래도 과학자들에 수여하는 노벨상은 언제나 공정을 기하기 위한 심도 있는 노력이 있음을 인정해야 한다. 과학자들의 학문에 대한 태도는 노벨상 수상의 영예로부터 자유로워야 한다.

휴스톤 대학의 츄 교수는 미국 초전도 연구의 아이콘(Icon)이 되었다. 그는 레이건 대통령 앞에서 초전도 연구의 중요성과 초전도 산업 확립을 위한 연구비 투자를 역설했다. 그의 발표 이후에 미국 에너지성은 막대한 예산을 초전도 연구분야에 투자하기로 결정했다. 노벨상을 수상한 두 과학자가 속해 있는 유럽연합도 초전도 분야에 연구비 투입을 결정했다. 일본도 초전도 연구센터를 설립해서 대학-연구소-산업계가 공동으로 연구를 추진하기로 했다. 일본 역시 미국에 버금가는 연구예산을 투입했다. 미래의 산업을 주도할 초전도 기술에 대한 국가간 전쟁이 시작된 것이다.

좋은 연구결과 뒤에는 언제나 뒷이야기가 무성하다. 미국 초전도계의 대부인 휴스톤 대학의 츄는 나중에 함께 91K 초전도 물질을 합성한 우(M. K Wu)와 물질합성 특허에 대한 송사에 휘말린다. 미국 응용물리학회지에 실린 91K 초전도 논문의 주 저자는 우 박사였다. 긴 논쟁 끝에 91K 초전도 물질특허의 소유권이 우 박사에게 있다는 판결이 내려졌다. 우는 츄와 헤어져 대만의 한 대학으로 자리를 옮겼고, 대만 출신 두 미국 과학자의 우정은 씁쓸하게 막을 내렸다.

유사한 예가 또 있었다. 1988년에 초전도 임계온도가 125K인 탈륨화합물($Tl_2Ba_2Ca_2Cu_3O_{10}$)을 합성한 쉥[*]과 허만[**]은 쉥이 졸업한 후에 물질특허의 소유권 문제로 법정에 섰다. 쉥은 물질합성의 모든 실험을 자신이 주도했고, 지도교수는 자신이 하는 일에 어떤 아이디어도 제공하지 않았다고 특허소유권이 자신에게 있다고 주장했다. 지도교수인 허만은 법정에서 자신의 지도하에 쉥이 실험을 했다고 주장했다. 과학적인 업적을 둘러싼 지도교수와 학생 간의 송사였다.

[*] Z. Z. Sheng

[**] A. M. Hermann, 당시 미국 Arkansas 대학 물리학과, 중국인 학생이었던 쉥의 지도교수

Cover Page, Time Magazine (May 11, 1987)

● 초전도 신물질의 발견은 과학계의 관심사를 뛰어넘어 일반인에게 전해졌다. 1987년 5월 미국의 《TIME》은 〈미래를 감아내다(Wiring the future) : 초전도 혁명(Superconductivity Revolution)〉이란 제목으로 초전도 기술이 가져다줄 산업의 영향을 기사화했다. "고온 초전도체의 발견, 초전도 혁명이 시작된다." 초전도체가 세상을 바꾼다. 초전도 자석으로 만든 자기부상열차가 시골길을 달리고, 저항이 없는(손실이 제로) 전선으로 전기를 공급하고, 값싼 MRI 의료기기로 사용해서 진찰을 받는다. 초전도 기술로 세상의 모습이 바뀐다. 《TIME》은 '초전도 기술'을 인류의 생활을 바꾸어 줄 10대 미래기술 중 하나로 선정했다. 미국과 일본 등 선진국들은 초전도 기술이 21세기의 에너지, 정보통신, 의료, 교통, 환경 등의 분야에서 혁신적인 기술을 창출해 낼 수 있을 것으로 예상했다.

Superconductivity

녹색 가루(Green powder) 사건의 전말

베드노르즈와 뮬러의 산화물 고온초전도체의 발견(1986년)으로 전 세계 과학계는 흥분상태에 빠져들었다. 과학자들은 초전도 신물질 발견에 대해 다양한 의견을 피력했다.

"지금까지 발견된 금속계 초전도 물질은 상온에서 저항이 높은 물질이 극저온에서 초전도가 되었지요. 반대로 구리처럼 전기가 잘 흐르는 물질은 전혀 초전도가 되지 않았어요. 그런데 산화물은 전기가 잘 안 통하는 물질이지 않습니까? 어떻게 금속도 아니고 돌과 같은 물질에서 초전도 현상이 일어날 수 있나요. 더욱 놀라운 사실은 산화물 초전도체의 초전도 임계온도가 30K를 넘었다는 것입니다. 노벨 물리학상을 받은 BCS 이론에 따르면 초전도 임계온도는 30-40K 이상을 넘을 수 없다고 했습니다. 그렇다면 이 물질의 초전도 임계온도는 BCS 이론에서 제시한 온도한계의 경계에 있다는 뜻인데, 원자의 진동이 매개하는 전자쌍 이론으로 설명할 수 없다면 우리가 알지 못하는 또 다른 무엇이 있다는 말인가요?"

"그렇지요. 기본적으로 BCS 이론은 원자의 진동과 쌍을 이룬 전자를 기초로 만들어진 이론입니다. 고온 초전도체 이전에 발견된 초전도 물질의 초전도 현상은 모두 BCS 이론으로 설명할 수 있습니다. 신물질의 초전도 현상이 원자의 진동으로 설명할 수 없다면 원자진동 이외에 다른 어떤 것들이 관여하고 있다는 의미이지요."

"글쎄요, 현재로서는 고온에서 초전도 현상이 일어나는 이유에 대해 정확하게 설명할 수는 없을 것 같습니다. 원자의 진동 이외에 전자의 회전(Spin)이나 그에 따라 유도되는 자기 모멘트(Magnetic moment) 같은 것들이 신물질의 초전도 현상에 관여하고 있을지 모릅니다. 아시다시피 단원자 원소들의 반 정도가 극저온에서 초전도 현상을 보입니다. 이렇게 많은 원소들이 초전도 현상을 보인다는 사실은 초전도 현상이 특별한 현상이 아니라는 증거입니다. 어느 물질에서나 일어날 수 있는, 저온에서 물질의 에너지를 낮추려는 열역학적인 현상이라고 보아야 합니다. 그것은 섭씨 0도에서 물이 어는 것과 같지요. 이번 신물질의 경우는 원자의 진동 이외에 초전도 현상을 돕는 다른 매개체들이 있어서 초전도 임계온도가 올라갔다고 볼 수 있습니다. 그래서 사람들은 금번의 초전도 신물질의 합성이 상온 초전도체의 발견으로 이어질 수 있을 것으로 기대합니다."

과학자들의 예견대로 새로운 초전도 물질이 발견되었다는 기사가 각국의 신문보도를 통해 연일 보도되었다.

"미국에서는 벌써 초전도 임계온도가 91K가 되는 신물질을 합성하였다고 하는데 알고 있습니까?"

"네, 알고 있습니다. 정말 대단합니다. 10K도 아니고 초전도 임계온도가 한번에 50K가 상승했습니다. 100년이란 시간이 지나도록 꿈쩍도 하지 않았던 초전도 임계온도가 원소 하나를 바꿈으로 해서 50K나 오를 수 있다는 사실이 놀랍습니다."

"어떤 원소가 그런 역할을 했다고 합니까?"

"베드노르즈와 뮬러가 만든 란탄-바륨-구리-산소 물질에서 란탄(La)을 유사 희토류 원소●인 이트륨(Y)으로 바꾸어서 초전도 임계온도를 올렸다고 합니다. 일본의 초전도 연구그룹과 미국의 츄 교수 연구그룹에서 비슷한 시기에 달성한 놀라운 업적입니다."

"그 물질이 어떤 물질인가요?"

"혹시 녹색 물질에 대한 이야기를 들어보았나요? 신물질의 색깔이 녹색이라고 하던데."

● Rare earth elements. 지구에 매장된 양이 매우 적다고 해서 희토류라고 한다. 중국에 가장 많이 매장되어 있으며 영구자석, 반도체, 형광체의 원료로 사용된다.

"녹색 물질이요? 녹색 물질이 초전도 현상을 보인다고요? 그럴 리가 있나요? 물질의 색깔이 전자와 관계가 있지만 금속 중에 녹색을 띠는 물질이 있다는 말은 처음 듣습니다. 이번에 베드노르즈와 뮬러에 의해 발견된 초전도체의 색깔은 검정색에 가깝다고 알고 있습니다. 저도 유사한 물질을 합성하면서 녹색 물질이 만들어진다는 것을 알고 있습니다만 그 물질이 초전도라는 의견에는 동의하지 않습니다."

"그렇다면 풍문으로 들려오는 녹색 물질은 무엇이지요?"

"그건 아마도 다른 사람들에게 연구결과를 숨기기 위해 일부러 퍼뜨린 거짓 뉴스일지 모릅니다."

"거짓 뉴스라니요? 아무리 초전도 연구가 노벨상을 바라본다고 해도 과학자가 그런 행위를 할 수가 있나요?"

"글쎄요. 요즘 초전도 분야에 엄청난 과학적인 진보가 있다 보니까 일부 과학자들이 자신의 연구결과를 부풀리기 위해 엉뚱한 내용을 발표하기도 합니다."

"들리는 바로는 초전도 신물질을 만들 때 검정색 물질과 녹색 물질이 동시에 합성이 된다고 합니다. 어떤 물질을 만들든지 물질의 조성을 한 번에 알 수는 없지요. 그래서 적당한 화학조성을 선택해서 물질을 만들어 보고 그 합성물질 중에 초전도 물질이 있다는 신호를 얻으면 그 물질을 분리해서 화학조성을 결정하게 되지요. 이번에 미국 연구자들도 같은 방식으로 초전도 임계온도가 91K인 물질을 분리했다고 합니다. 그 과정에서 합성물질이 검정색 물질과 녹색 물질로 나누어졌습니다."

과학자에게 새로운 물질을 만든다는 것은 너무나도 어려운 일이다. 주기율표에는 많은 원소들이 있다. 두 가지 물질을 섞어서 하나의 물질을 만들려면 합성이 잘되는 온도를 찾아야 하고, 또 어떤 때에는 공기중에서는 합성이

● 두 개의 검정색 펠릿(Pellet) 위에 녹색 펠릿이 놓여 있다. 고온 산화물 초전도체를 합성할 때 원료로 이트륨(Y), 바륨(Ba), 구리(Cu)의 산화물 분말을 사용한다. 여러 가지 원료의 조합을 통해 초전도 물질의 화학조성을 알아내야 하는데, 원료 중에 희토류 원소인 이트륨이 많으면 검정색 초전도 물질과 함께 녹색 물질이 합성된다. 녹색 물질의 화학조성은 Y_2BaCuO_5이다.

되지 않아서 분위기를 달리하거나 압력을 가해 주어야 하는 경우도 있다. 신물질의 정확한 화학조성을 모르기 때문에 이런 저런 조합으로 원료 분말을 섞어가면서 실험을 해야 한다. 두 가지 원료를 사용해서 세 가지 조성을 선택하고, 온도를 3조건으로 해서 실험을 한다면 $2 \times 3 \times 3 = 18$번의 실험을 해야 한다. 그런데 고온 초전도 산화물은 이트륨(또는 다른 희토류 원소), 바륨, 구리, 산소의 네 가지 원소로 구성된다. 경험적으로 다양한 조성의 분말을 선택해서 수없이 많은 물질을 만들어 보아야 한다. 조성을 네 가지로 준비하고 온도를 세 가지로 해서 실험을 한다고 하면 $4 \times 4 \times 3 = 48$번의 실험을 해야 한다. 이런 실험을 통해 물질을 합성하고 각 물질에 대한 물리적인 성질을 측정해야 한다. 그렇게 한 다음에야 겨우 어떤 단서를 얻을 수 있다. 이 단서를 가지고 다시 한 단계 더 자세한 실험을 준비한다. 이런 과정을 거쳐서 어떤 사람이 새로운 초전도 물질을 합성할 확률은 얼마나 될까? 확률은 '거의 제로'에 가깝다. 하지만 원자의 특성(전자의 에너지 준위와 결합의 성격 등)을 잘 이해하고 있는 물리학자나 화학자들은 자신의 지식을 활용해서 신물질의 구조를 이론적으로 추측해 볼 수 있으므로 일반인들보다는 시행착오를 줄일 수 있다. 그렇다고 해도 신물질을 찾는 작업은 백사장에서 바늘을 찾는 것처럼 어려운 일이다.

그러면 '녹색 물질'은 어떻게 만들어졌을까?

나중에 알게 되었지만 녹색 물질은 산화물 초전도 물질을 합성하면서 자연스럽게 만들어지는 물질이었다. 녹색 물질은 고온 초전도 산화물과 마찬가지로 이트륨(Y), 바륨(Ba), 구리(Cu)의 금속과 산소이온이 결합한 화합물이다. 두 물질 간의 차이점은 녹색 물질이 초전도 물질보다 이트륨이 많고 구리 성분이 적다는 점이다. 고온 산화물 초전도체는 이트륨이 1, 바륨이 2, 구리가 3이고 산소는 6과 7 사이에 있는 반면에 녹색 물질은 이트륨이 2, 바륨이 1, 구리가 1이고 산소는 다섯 개이다. 그런데 새로운 초전도 물질을 만들 때 왜 두 물질이 같이 합성되었을까? 그것은 과학자들이 정확한 초전도 물질의 조성을 알 수 없기 때문에 구성원소의 조성을 임의로 조합하여 여러 조성의 물질을 합성했기 때문이다. 일반적으로 이트륨을 많이 넣을 때 녹색 물질이 초전도 물질과 함께 합성되는 경향이 있다. 과학자들은 두 물질이 함께 합성된 화합물 덩어리를 측정해서 그 안에 초전도 물질이 있다는 것을 알아냈다. 그 다음에 모양이 다르거나 색상이 다른 물질을 분리해서 다시 조성과 물리적 성질을 측정한 다음, 정확한 초전도 물질의 정체를 밝혀내었다. 처음 91K의 고온 초전도 산화물을 합성한 미국의 연구진이 다른 나라의 연구자들을 혼란에 빠뜨릴 목적으로 '녹색 물질' 이야기를 흘렸을 것으로 추측되고 있다. 당시의 상황에서는 초전도체의 발견이 노벨상과 직접 관련이 되어 있었기 때문에 이런 해프닝이 일어났다고 볼 수 있다.

미국의 연구자들은 원료분말을 적당히 조절해서 초전도 물질이 들어 있는 물질을 합성했다고 한다. 합성된 물질을 분석하기 위해서 잘게 부수어 보니 그 안에는 검정색 물질과 녹색 물질이 함께 있었다. 그들은 두 물질을 분리해서 현미경 관찰을 했고, 그 결과 녹색 물질은 그 모양이 육각기둥, 검정색 물질은 판 형태임이 밝혀졌다. 두 물질의 성분을 분석한 결과, 검정색 물질보다 녹색 물질에 희토류 원소인 이트륨이 더 많이 포함되어 있었다. 그들은 분석한 화학성분을 기초로 원료분말을 다시 합성했고, 그 결과 100%의 초전도 물질을 합성할 수 있었다. 거의 같은 시기에 일본에서도 91K의 초전도 물질이 성공적으로 합성되었다는 소식이 전해졌다. 흥미롭게도 91K 초전도 물질 이후에 발견된 고온 초전도 물질은 모두 검정색이었다.

● **검정색 산화물 고온 초전도체($YBa_2Cu_3O_{7-y}$)**.
물질의 색깔은 빛과 관계가 있다. 빛의 파장 중에서 특정 파장은 반사하고 다른 파장들을 모두 흡수한다면 물체는 특정 파장의 색을 띤다. 반사하는 파장에 따라 물체는 빨, 주, 노, 초, 파, 남, 보의 다양한 색을 가진다. 고온 초전도체는 모든 파장을 흡수하므로 검정색을 띤다. 베드노르즈와 뮐러가 발견한 란탄-바륨-구리-산소 초전도체 이후에 발견된 산화물 고온 초전도체들의 색상은 모두 검정이다.

Superconductivity

초전도,
파티는 끝났는가?

고온 산화물 초전도체가 발견되고 2년이 지난 1989년 5월에 세계적인 과학 학술잡지인 《사이언스(Science)》에 아래와 같은 제목의 글이 실렸다.

"초전도, 파티는 끝났는가(Superconductivity, Is the party over?)?"

1986년에 베드노르즈와 뮬러가 산화물에서 초전도 온도가 35K인 새로운 초전도체를 발견했고, 두 사람은 그 이듬해에 노벨 물리학상을 수상했다. 1년 후에 미국과 일본의 연구자들이 임계온도가 91K인 초전도체 물질의 합성에 성공했다. 놀라운 과학적인 발견의 흥분이 가라앉지도 않았는데 "초전도, 파티는 끝이 났다"는 비관적인 제목의 글이 최고의 과학 학술지 중의 하나인 《사이언스》에 실린 것이다. 저자인 데이비드 비숍(David Bishop)은 《사이언스》 기고문에서 자신이 고온 산화물 초전도체의 전망을 비관적으로 평가한 이유를 다음과 같이 설명했다.

"고온 초전도체의 높은 초전도 임계온도는 큰 장점이다. 초전도 송전선이나 경제성이 있는 자기부상열차 등에 이 물질을 사용하려면 초전도 상태에서 전기가 많이 흘러야 하고, 자기장에 잘 견디어야 한다. 얇은 막 형태의 고온 초전도에는 제곱센티미터(cm^2) 단면적에 수백만 암페어(Ampere)의 전류가 흐른다. 하지만 이 물질을 선(Wire)으로 만들어서 흘릴 수 있는 전기량을 측정해 보면 수백 암페어 정도밖에 되지 않는다. 미국의 유수의 연구기관들이 비슷한 결과를 보고하고 있다. 이 정도의 전기량으로는 우리가 기대하는 미래의 초전도 산업을 기대할 수 없다. 아무래도 고온 초전도체에는 전기의 흐름을 방해하는 어떤 치명적인 결함이 있는 것 같다."

저자는 초전도의 기본원리를 설명하며 이야기를 이어갔다.

"초전도체는 전기소재다. 저항이 제로이므로 다른 도체에 비해 상대적으로 많은 전류가 흐른다. 전기가 흐르면 전류에 의해 자기장이 생긴다. 자기장을 이겨내지 못하면 초전도 상태는 깨진다. 자기장은 에너지 형태의 하나이므로 저항과 같다. 초전도체에는 제1종과 제2종 두 가지가 있다. 제1종 초전도체의 임계 자기장은 수백 가우스 정도로 아주 작다. 제1종 초전도체가 임계 자기장보다 작은 자기장 환경에 놓이면 자력을 배척하는 마이스너 현상에 의해 자기장은 초전도체 밖으로 쉽게 밀려난다. 이는 초전도의 기초를 이해하는 사람이라면 다 아는 사실이다. 자기장의 크기가 자기 한계 이상이 되면 초전도 상태는 파괴된다. 이 상태에서는 더 이상 초전도라 할 수 없다. 초전도의 응용분야는 손실 없이 전기를 많이 흘리는 고효율 전력기나 초전도선을 감아서 만드는 고자기장 자석이다. 전기가 흐르면 자기가 발생한다. 따라서 초전도체는 큰 자기장 환경에 놓인다. 겨우 수백 가우스의 자기장 환경에서 초전도성을 잃는 제1종 초전도체는 산업에 응용할 수 없다. 그래서 우리는 제2종 초전도체인 고온 초전도체에 희망을 걸어왔다. 베드노르즈와 뮬러가 발견한 산화물 고온 초전도체는 제2종 초전도체다. 합금형 제2종 초전도체는 자기장에 잘 견디고, 1차 자기한계보다 큰 자기장에서는 자기장의 일부를 초전도 내부로 들여보내면서 계속 초전도 상태를 유지한다. 하지만 고온 초전도체는 자기장을 잘 견디지 못하는 것 같다. 초전도체 안에서 자기장은 로렌츠 힘에 의해 움직인다. 자기장이 움직이면 그 주변의 초전도 상태가 깨진다. 자기장을 초전도 내부에서 잡아주지 못한다면 큰 자기장을 견딜 수 없다. 고온 초전도 단결정의 전류한계와 자기한계를 측정해 보면 그 값이 그다지 크지 않다. 이 정도 수준의 전류값과 임계자기장이라면 고온 초전도체의 응용에 어떤 희망을 이야기할 수 없다. 그래서 아쉽지만 파티가 끝났다고 말하고 싶은 것이다."

고온 초전도를 연구하는 과학자들은 《사이언스》의 기사를 보고 실망했다. 과학적인 사실을 밝혀내고 그것에 어떤 오류가 없다는 것을 확인하기까지에는 많은 시간과 노력이 필요한데도 고온 초전도체가 발견된 것이 이제 겨우 몇 년밖에 되지 않았는데 벌써 파티가 끝이 났다고 말하는 것은 시기상조였기 때문이다. 다른 연구자 그룹에서 비숍의 기고문에 대한 반론이 쏟아졌다.

"베드노르즈와 뮬러의 연구결과가 발표된 것이 1986년이고, 그 이듬해에 두 사람이 노벨 물리학상을 받았고, 이후 이제 겨우 2년이 지났을 뿐인데 어떻게 저런 성급한 결론을 내릴 수 있지? 새로운 물질이 탄생해서 그것이 산업에 응용되기까지는 적어도 30-40년은 걸리는 것은 보통이 아닌가. 그리고 그가 측정에 사용한 시료의 특성을 다른 시료에 적용할 수 있는지도 의문이야. 좀더 지켜보아야 해."

《사이언스》에 고온 초전도체에 대한 비관적인 기사가 실린 이듬해인 1990년에 일본 초전도 연구소[•]는 자국에서 개최되는 국제 초전도 심포지엄(Symposium)를 위해 특별한 초전도 시연을 준비하고 있었다. 시연의 주 내용은 초전도체와 영구자석을 이용한 '인간자기부상(Human levitation)'이었다. 일본 초전도 연구센터에서 덩어리 초전도 소재 제조연구를 수행중이었던 중견 연구자인 무라카미^{••}는 희토류 산화물 제조 신공정을 개발해서 전류가 많이 흐르는 커다란 초전도 덩어리 제조에 성공했다. 그는 신일본제철 연구원 신분으로 일본초전도센터에 파견 연구원으로 근무하면서 신물질 덩어리 소재 제조공정을 연구하고 있었다. 그가 만든 덩어리 초전도체는 자기력을 밀어내는 힘이 대단했다. 자기력을 강하게 밀어낸다는 것은 초전도체 내부에 상당한 전류가 흐른다는 증거였다. 그의 연구결과는 《사이언스》에 게재된 고온 초전도체에 대한 비관적인 기사를 직접적으로 반박하고 있었다. 행사장에 참가한 기자들이 무라카미에게 그가 만든 초전도체의 성질에 대해 물었다.

"무라카미 박사님, 《사이언스》에 실린 고온초전도체의 대한 비관적인 기사를 읽어보셨는지요? 이번 초전도 시연에서 초전도 신물질에 대한 비관적

•
ISTEC, International Superconductivity Technology Center, 고온 초전도체 발견 이후의 초전도 연구를 위해 1988년에 국가적으로 설립된 연구기관

••
Masato Murakami, 2015 현재 일본 동경 시바우라 공대(Shibaura Institute of Technology) 총장

전망을 낙관으로 바꿀 수 있는 결과를 보여주신다고 하는데 정말입니까? 강력한 자기부상력을 갖는 덩어리 초전도체를 만드는 핵심기술은 무엇입니까?"

무라카미가 대답했다.

"그것을 알려면 초전도체의 반자성 성질을 이해해야 합니다. 자기장을 밀어내는 마이스너 효과를 이용하면 초전도체 위의 공간에 영구자석을 띄울 수 있습니다. 중량을 많이 띄우려면 초전도체에 전류가 많이 흘러야 하고, 영구자석의 자력이 커야 합니다. 영구자석은 상업적으로 판매가 되고 있으니까 자기력은 일정하다고 할 수 있습니다. 문제는 초전도체인데, 이번에 저희가 만든 초전도체는 자기부상력이 매우 큽니다. 그 힘은 초전도체의 결정크기에서 나옵니다. 초전도 현상을 이해하시는 분들은 알고 있겠지만 영구자석의 자력이 초전도체에 다가오면 초전도 결정 내부에서 차폐전류가 생기고, 차폐전류에 의해 자기력이 유도됩니다. 이 유도 자기력과 영구자석의 자기력이 서로 반발합니다. 이번에 저희가 제작한 초전도체는 결정의 크기가 수 센티미터 이상으로 매우 큽니다. 그것 때문에 차폐전류에서 유도되는 자기부상력이 큽니다. 저희가 세계에서 가장 힘이 센 초전도체를 제작했다고 할 수 있습니다."

"부상력이 큰 초전도체를 만들기 위한 특별한 공정을 개발했다고 들었습니다. 제조방법에 대해 설명을 해주실 수 있는지요?"

"아, 그러지요. 《사이언스》에 발표된 논문에 사용된 고온 초전도체는 아주 깨끗한 단결정입니다. 단결정•은 순도가 매우 높은 순수한 형태입니다. 깨끗한 단결정에서 전기가 잘 흐르지 않는 것은 당연합니다. 저희가 만든 덩어리 초전도체는 단결정처럼 순수하지 않습니다. 초전도체 내부에 불순물(Impurity)이 많습니다. 고온 초전도체는 제2종 초전도체입니다. 초전도체 안으로 자기장이 들어갈 때 초전도 내부에 불순물이 있어야 자기장(자속)을

Single crystal. 물리적 성질을 측정하기 위한 결정 시편

● **중량을 받쳐주는 자기부상의 원리.**
아래 검정색 시료는 액체질소로 냉각한 고온 초전도체이고, 위의 금속 원반은 네오디뮴(Nd-B-Fe) 영구자석이다. 일본 연구진은 초전도체와 영구자석을 사용하여 사람을 띄우는 초전도 시연을 통해 고온 초전도체에 많은 전기를 흘릴 수 있음을 증명했다. 이러한 덩어리 고온 초전도체와 자석이 여러 개 있으면 많은 중량을 띄울 수 있다.

● 검정색 덩어리 고온 초전도 타일 8개를 액체질소로 냉각한 다음, 그 위에 디스크 모양의 영구자석을 올려놓고, 또 영구자석 위에 목각인형을 올려놓았다. 초전도체의 한 변의 길이는 42밀리미터이고, 영구자석의 직경은 50밀리미터다. 영구자석의 자력은 3,500 가우스 정도다. 이 정도 자력을 갖는 영구자석을 위에서 힘을 주어 초전도체에 접근시키려면 약 20킬로그램의 힘이 필요하다. 영구자석 10개에는 200킬로그램의 힘이 필요하다. 초전도체-영구자석의 부상력을 이용하면 수톤의 중량을 초전도체 위의 공중에 띄울 수 있다는 결론에 도달한다.

움직이지 않게 잡아줄 수 있습니다. 그래서 저희는 일부러 불순물이 많은 초전도 단결정을 만들었습니다. 이 공정에 대해서는 특허를 출원중이라서 자세히 말씀드릴 수는 없습니다. 이제는 《사이언스》에 실렸던 고온 초전도체에 대한 비관적인 전망에 대해서는 걱정하지 않아도 됩니다."

무라카미는 인간 부상 시연을 하기 전에 이미 덩어리 초전도체와 고리(Ring) 모양 영구자석을 이용해서 금붕어가 들어 있는 어항을 초전도체 위에서 부상시키는 실험에 성공했다. 그는 어항을 들어올리는 실험에 대해 이렇게 말했다.

"덩어리 초전도체 몇 개와 고리 모양 영구자석 하나를 이용해서 수킬로그램(Kg)의 물체를 공중으로 부양할 수 있다는 사실은 이 덩어리 초전도체에 상당히 큰 전류가 흐르고 있다는 것을 의미합니다. 전기가 많이 흐르지 않는다면 초전도체가 그렇게 큰 중량을 밀어낼 수 없습니다."

이번에는 기자가 자기부상에 사용된 영구자석에 대해 질문했다.

"박사님이 사용한 자석은 어떤 것인가요? 영구자석에도 특별한 설계가 필요한지요?"

"이 실험에서 흥미로운 사실은 어항을 회전시키려면 고리 모양 영구자석을 사용해야 한다는 점입니다. 아마도 영구자석 원반이 회전을 하려면 영구자석의 형태에 대칭성이 있어야 하는 것 같습니다."

"무라카미 선생님, 혹시 사각형 자석이나 자석을 여러 개 이은 것을 사용해 보시지는 않았는지요?"

"다양한 형태의 자석을 사용해 보았습니다만 고리 모양이나 디스크형을 제외한 다른 형태의 자석은 회전하지 않았습니다. 그 이유에 대해서는 좀더 연구를 해보아야 알 수 있을 것 같습니다."

일본의 초전도 공학연구소팀은 연구결과의 우수성을 입증하고자 영구자석판 위에 사람을 띄우는 실험을 시도했다. 이 실험에는 덩어리 초전도체 200여 개가 사용되었다. 사람이 올라탈 알루미늄 원반 아래에는 여러 개의 영구자석을 동심형으로 부착했다. 자석의 착자(자석 원자재에 자력을 주입하는 과정. 전자석을 사용한다) 크기에 제한이 있어서 20센티미터 이상의 자석을 한 몸체로 만들 수는 없다. 이들은 작은 영구자석 여러 개를 붙여서 고리형 영구자석을 제작했다. 원반을 알루미늄으로 제작한 이유는 알루미늄이 자석이 붙지 않는 비자성체이기 때문이다. 연구팀은 학회 심포지엄 중간에 인간 부상 시연 행사를 준비했다.

무라카미는 국제 초전도학술회의 시연장에서 흥분된 어조로 자신의 연구 결과를 발표했다.

"이제부터 사람을 띄울 수 있는 강력한 초전도 물질을 소개하겠습니다. 이 재료는 기존의 제조방식과는 달리 물질을 녹여서 만들었습니다. 이 공정은 반도체 산업에서 사용되는 실리콘 웨이버(Silicon wafer) 단결정 제작 방식과 유사합니다. 저희가 제작한 초전도체 하나로 수킬로그램의 중량을 띄울 수 있습니다. 이 덩어리 초전도체가 세계 최고 수준의 초전도체라고 감히 말할 수 있습니다."

무라카미 박사는 초전도 타일을 용기의 바닥에 깔고, 액체질소로 초전도체를 냉각시키고, 그 위에 영구자석을 장착한 원반을 올린 다음, 원반 위에 사람을 띄우는 '인간자기부상' 시연에 성공했다. 학회 참석자들은 무라카미의 인간자기부상 시연을 통한 초전도체의 위력을 실감하고 모두 일어나 박수를 쳤다. 참석자들의 환호에 고무된 무라카미의 설명이 이어졌다.

"이번 시연으로 고온 초전도체를 녹여서 커다란 결정으로 만들면 초전도체에 많은 전류를 흘릴 수 있음이 증명되었습니다. 이 초전도체는 안에는 불순물이 많아서 초전도체로 들어오는 자기장을 잘 잡아줍니다. 앞으로 더 연구를 진행해서 지금보

사진: 일본 시바우라 공대 무라카미 교수 제공

● 1990년 일본 동북지방 센다이(Sendai)에서 개최된 국제 초전도학회 심포지엄에서 초전도 인간자기부상 시연이 있었다. 원반 위에 사람이 원반과 함께 수 센티미터 공중으로 부상했다. 원반 아래에는 액체질소로 냉각된 200여 개의 덩어리 초전도 타일이 있다. 알루미늄 원반에는 영구자석이 들어 있다. 이 시연으로 덩어리 고온 초전도체의 자기부상력이 사람을 띄울 정도로 강력하다는 것이 입증되었다.

NASA, National Aeronautics and Space Administration

다 전기가 더 많이 흐르는 초전도체를 만들도록 노력하겠습니다. 금번의 연구결과는 초전도 산업의 미래가 밝음을 보여줍니다."

무라카미의 연구결과는 전세계 초전도 연구자에게 큰 희망을 주었다. 자기부상 시연을 지켜본 미국항공우주연구원●의 연구자가 말했다.

"대단히 흥미로운 연구결과입니다. 이 초전도체의 강력한 자기부상력을 이용하면 수톤의 중량도 띄워 올릴 수 있을 것 같습니다. 거기에 큰 에너지를 저장할 수 있습니다. 또 공중에서 물체를 띄워서 돌리면 마찰이 없기 때문에 아주 빠른 속도로 물체를 돌릴 수 있습니다. 이 현상은 원심력으로 물질을 분리하는 원심분리나 고속 카메라 셔터에 활용할 수 있습니다. 혹시 우주에서 설치할 예정인 천체 망원경에도 사용 가능할지 모르겠습니다."

당시 카이스트에서 초전도를 주제로 박사과정중에 있었던 필자는 1990년 일본 동북지방인 센다이(Sendai)에서 개최된 초전도학술대회에 참석해서 앞선 일본의 초전도 연구를 부러운 눈으로 바라보고 있었다. 1천 명이 넘는 참가자 중에 한국사람은 몇 되지 않았다. 포스터 발표를 하고 있는 필자에게 일본에 거주하는 한 한국인이 지나치며 건넨 한마디가 기억난다.

"선생님, 한국사람이군요. 애국하십니다."

그 말이 아직도 내 귀에 생생하다. 그 분의 말은 이제 처음 초전도 연구를 시작한 청년 연구자에게 큰 격려가 되었다. 한국의 열악한 연구실정에서 고군분투하고 있는 필자에게는 격려의 말로 들렸다. 한국의 초전도 연구는 고온 초전도가 발견된 1980년대 중반에 시작되었다. 산업계, 학계, 연구계가 공동으로 진행한 초전도 연구는 한국 과학계에 이제까지 경험해 보지 못한 저온 물리학, 소재 가공과 냉동-전기기술을 전했다. 25년이 흐른 지금 한국의 초전도 산업은 일본, 미국과 어깨를 겨룰 정도로 성장했다. 이제는 필자의 실험실에서도 연구자들이 직접 제작한 초전도체를 사용해서 사람을 띄우는 시연이 가능하다.

● 필자의 연구실에서 제작한 인간자기부상기 성능 시험 사진이다. 액체질소로 냉각을 한 100여 개의 초전도체를 바닥에 깔고 초전도체 위에 부상한 영구자석을 눌러서 초전도체의 자기부상력을 확인하고 있다. 이 인간자기부상기에는 초전도체 위 수 센티미터 높이의 공간에 200킬로그램의 중량을 띄울 수 있다. 실제로 두 사람이 원반 위에 올라간 다음에 원반을 회전하는 시험을 성공적으로 수행했다.

Superconductivity

녹색 물질도 쓸모가 있네

예상하지 못한 높은 온도에서 초전도가 되는 고온 초전도체가 발견되자 산업계가 이 물질의 산업응용에 관심을 보였다. 산업계에서 연구자들에게 새로운 초전도 물질의 전기량과 자기 환경에서의 성질을 물어왔다.

"고온 초전도체에는 어느 정도의 전기를 흘릴 수 있습니까? 그리고 어느 정도의 자기장에서 사용 가능한가요? 저희가 목적으로 하는 자기장 환경은 1-3테슬라입니다. 신물질을 MRI 의료기 초전도 자석에 사용하려면 이 정도의 자기장에 견뎌야 합니다."

고온 초전도체가 전기산업에 사용되려면 몇 가지 중요한 성질을 만족시켜야 한다. 일반 도선의 재료로 사용되는 구리보다 많은 전기가 흘러야 하고, 가느다란 선으로 만들 수 있어야 하고, 자기장이 있는 환경에 잘 견디어야 한다. 고온 초전도체에 이런 능력이 있다면 고온 초전도체를 사용해서 값 비싼 액체헬륨 대신 액체질소를 냉매로 사용하는 대단히 경제성 있는 전기장치를 만들 수 있다. 일반인들에게 친숙한 의료기기인 MRI에 사용되는 초전도 자석은 냉매로 액체헬륨을 사용한다. 액체헬륨은 지구에 매우 희귀한 원소로, 구하기 어렵고 가격이 매우 비싸다. 2010년에 들어서서 액체헬륨을 사용하는 산업이 늘어나면서 액체헬륨의 가격은 몇 년 사이에 3배로 뛰었다(1리터당 3만 원 정도). 반면에 질소는 대기 중에 흔하고, 가격이 싸다(우윳값과 비슷).

초전도체 현상을 처음 발견한 네덜란드의 오네스 박사는 제로저항과 무한송전을 희망했었다. 하지만 오네스는 초전도 도선에 전기를 흘리는 실험을 통해 수은이나 납과 같은 단원소 초전도체는 아주 작은 자기장에도 초전도 상태가 깨짐을 알게 되었다. 과학자들은 자기장이 어떻게 초전도 상태를 깨뜨리는지에 대해 이해했다.* 이후에 큰 자기장에 잘 견디는 제2종 합금 초전

자기장은 저항과 같은 에너지로 초전류의 흐름을 방해한다.

도체가 발견되었고, 어떻게 초전도 내부로 들어오는 자기장을 조절할 수 있는지에 대한 방법도 알아냈다. 그것은 초전도체 안에 불순물을 첨가하는 기술이었다. 연구자들은 고온 초전도체도 합금형 초전도체와 마찬가지로 자기장을 잡아주는 물질이 필요할 것이라 생각했고, 초전도체의 성질을 높이려고 이물질(Impurity)을 초전도체 내부에 첨가하는 도핑(Doping) 연구를 시도했다.

1990년에 미국 벨 연구소※의 한국인 연구자가 고온 산화물 초전도체를 녹여서 만드는 새로운 방법을 고안했다. 이 방식은 금속이나 합금을 만드는 기술과 유사했다. 다른 점은 원료물질을 녹인 다음에 커다란 초전도 결정이 성장하도록 온도를 아주 천천히 내려준다는 점이다. 고온 초전도체의 기본 제조공정은 대부분 액체가 아닌, 고체 상태에서 물질을 합성하는 방식에 근간을 두고 있었다. 그 이유는 이상하게도 초전도 물질에 액체가 조금이라도 있으면 초전도 성질이 나빠졌기 때문이었다. 그렇기 때문에 산화물 초전도체를 녹여서 만드는 방식은 잘 시도되지 않았다. 벨 연구소의 연구자는 액체가 생기는 위험을 무릅쓰고 초전도물질을 녹여서 만들어 보았다. 그 결과 초전도 내부에 큰 전기를 흘릴 수 있다는 정보를 얻었다. 이 소식은 전세계 연구자들에게 전해졌고, 다른 연구자들도 고온 초전도체 제조에 물질을 녹여서 만드는 새로운 공정을 적용하게 되었다. 덩어리 초전도체 제조연구를 하고 있던 일본 과학자들도 초전도체를 녹여서 만들어 본 다음에 이 공법으로 만든 초전도체가 자기장 환경에 강하다는 사실을 확인했다.

"좀더 조사해 보아야 하지만 이 방식으로 만든 초전도 물질 내부에는 자기장(자속)를 잡아주는 결함들이 많이 있는 것 같습니다. 제 생각이 맞다면 결함들에 의해 초전도 내부에 침입한 자기장이 잡힐 수 있고, 그것으로 초전도체에 흘릴 수 있는 전기량이 커진다고 봅니다."

"그러면 녹이지 않고 만든 초전도체와 녹여 만든 초전도체가 다르다는 얘기인데요."

※ AT&T Bell Laboratories, 미국 전신전화연구소

"분말로 모양을 만들어 열을 가해 구워서 만들거나 아주 잘 만든 깨끗한 단결정에서는 이렇게 많은 전기가 흐르지 않습니다. 이제까지의 연구결과를 종합해 보면 분말로 만든 시료의 결정들 사이에는 경계면*이 많은데, 경계면에서 전자가 이동하기 어렵다고 합니다. 초전도 전자들을 넓이뛰기 선수라고 치면 작은 도랑 앞에서 머뭇거리는 심약한 선수라고 보아야 하지요."

"그러면 어떻게 전자들을 멀리 뛰게 만들지요?"

"전자들이 뛰는 능력은 재료 고유의 재능입니다. 멀리 뛰게 하기는 어렵고, 전자들의 이동을 방해하는 고랑이나 바위 같은 것들이 없도록 재료를 설계해야 합니다."

"그것이 가능합니까?"

"가능합니다. 초전도체 결정들을 한 방향으로 자라게 해주면 됩니다. 금번에 벨 연구소에서 제작한 초전도체는 결정들이 한 방향으로 배열되어 있다고 합니다. 그 방향이 전기가 가장 많이 흐르는 방향입니다."

"그래서 전기가 많이 흐를 수 있는 것이군요. 그러면 자기장 환경에서 전기가 많이 흐르게 하려면 어떻게 해주어야 하나요?"

"초전도체에 흘릴 수 있는 전기량은 외부 자기장에 아주 민감합니다. 일반적으로 외부에서 인가되는 자기장이 크면 흐르는 전기량은 감소합니다. 이 점은 이미 제2종 초전도체의 성질에서 설명을 드린 바가 있습니다. 자기장이 커져서 1차 한계자기장 이상이 되면 자기장이 초전도체 내부로 들어옵니다. 이 자기장(자속)은 제자리에 있지 않고 플레밍의 전자기 법칙(전기-자기-힘)에 의해 발생하는 로렌츠(Lorentz) 힘을 받아서 움직입니다. 이 자속의 움직임은 저항과 같아서 초전도 전류 흐름을 방해합니다."

"자속이 움직이는 상태에서 전류를 더 흘릴 방도는 없는 건가요?"

"방도가 있습니다. 자속을 잡아주는 물질을 초전도체 내부에 첨가해 주면

• Grain boundary, 결정들 사이의 경계, 전자의 이동을 방해하는 경우가 있다

됩니다."

"그것이 가능합니까?"

"재료의 설계를 통해 가능합니다. 초전도체를 만들 때 화학조성을 달리해

● 녹여서 만든 희토류계 덩어리 고온 초전도체의 사진이다. 검정색 초전도체 덩어리의 내부에는 전기가 잘 흐르는 방향으로 커다란 결정들이 성장되어 있다. 이 초전도의 내부에는 자기장을 잡아주는 다양한 결함들이 존재한다. 매우 미세한 결함들과 인위적을 첨가한 '녹색 물질'과 같은 이물질들로 인해 높은 자기장에서도 초전류 전자의 이동이 가능하다. 전기가 많이 흐르기 때문에 전류에 의해 유도된 완전반자성이 크다. 이 초전도체 한 개와 3,500가우스 자력의 네오디뮴 영구자석을 사용하면 액체질소 온도에서 초전도체 위에 수킬로그램 이상의 중량을 공중에 띄울 수 있다.

줄 수 있고, 약간의 불순물을 넣어서 초전도 내부 군데군데에 비초전도 영역이 생기게 해주어도 됩니다."

"아, 그런 것이 가능하군요. 그런 작업을 해주면 큰 자기장에서도 전기가 잘 흐르나요?"

"잘 흐른다기보다 전자의 흐름을 방해하는 자기장을 잡아주기 때문에 그만큼 자기장에 대한 저항성이 높아진다고 볼 수 있습니다. 잘만 조절해 주면 어떤 경우에는 특정 자기장에서 오히려 전기가 더 많이 흐르기도 합니다."

"그렇다면 초전도체 내부에 흐르는 전기량은 재료 설계를 통해 조절할 수 있겠군요?"

"그렇습니다. 제가 좋은 예시를 하나 들어보지요. 덩어리 초전도체로 사람을 공중에 부양시켜 유명해진 일본초전도연구소 무라카미(Masato Murakami)가 자기장을 잡아주는 방법을 고안했습니다. 그가 고안한 제조 방식은 기본적으로는 벨 연구소에서 개발한 공정과 유사합니다. 그는 벨 연구소의 제조공정에 자기장을 잡아줄 수 있도록 초전도와 상관없는 물질을 초전도체 안에 넣는 공정을 추가했습니다."

"자기장을 잡아주는 물질은 어떤 것인가요?"

"그가 시도한 것은 초전도체를 합성할 때 자주 생기는 '녹색 물질'입니다."

"아, 초전도 신물질 발견연구의 에피소드로 전해지는 그 녹색 물질을 말씀하시는 것입니까?"

"네, 그렇습니다. 이 녹색 물질은 원료의 조성을 조금만 바꾸면 쉽게 생깁니다. 그는 녹색 물질의 양을 조절해서 녹여 만든 초전도체 내부에 넣었습니다. 그랬더니 초전도체가 자기장에 잘 견디는 것이었습니다. 그는 '녹색 물질'이 자속(플럭스, Flux)을 잡아주는 플럭스 피닝(Pinning) 역할을 한다고 학계에 보고했습니다. 플럭스 피닝이란 말이 조금 어려울 수 있는데, 양자화된 자기장을 자속이라고 합니다. 이 자속을 영어로 플럭스라고 합니다. 벽에 어떤 물질을 고정시킬 때 압정이나 핀을 사용하지 않습니까? 움직이지 않도록 해주는 행위를 피닝(Pinning)이라고 합니다. 녹색 물질이 핀과 같은 역할을 합니다. 녹색 물질을 넣어 자속을 움직이지 못하게 고정시켜 주었으니까 초전류 전자들이 자유롭게 움직일 수 있지요. 이런 작업을 통해 초전도체의 전류값을 산업에 응용할 수준으로 향상시켰습니다."

"쓸모 없어 보이던 '녹색 물질'도 나름대로 역할을 하는군요."

"사실 녹색 물질 도핑 결과를 학계에 보고하였을 때 연구자들이 잘 믿지 않았습니다. 산화물 초전도체에서 자속을 잡아주려면 물질은 크기가 나노미터 정도로 아주 작아야 합니다. 그 크기는 전자의 넓이뛰기 능력과 관계가 있습니다. 녹색 물질은 초전도 결정 내부에 입자형태로 존재하는데, 그 크기가 초전류 전자의 넓이뛰기 능력보다 많이 커서 사람들은 믿지 않은 것이지요. 나중에 녹색 물질 자체보다 녹색 물질과 초전도가 만나는 경계면이 자속을 잡아주는 역할을 한다는 증거들이 확보되었습니다 이제는 연구자들이 녹색 물질의 역할을 잘 이해하고 있고, 자기장에 잘 견디는 초전도체를 합성하려는 연구자들은 '녹색 물질'을 자주 활용합니다."

우리가 가볍게 여기고 쉽게 지나치는 것들 중에 때로는 요긴한 것들이 많다. 초전도체를 합성할 때 부산물로 만들어지는 녹색 물질이 이제는 전기가 많이 흐르는 초전도체를 제작할 때 반드시 사용해야 하는 필수적인 물질이 되었다.

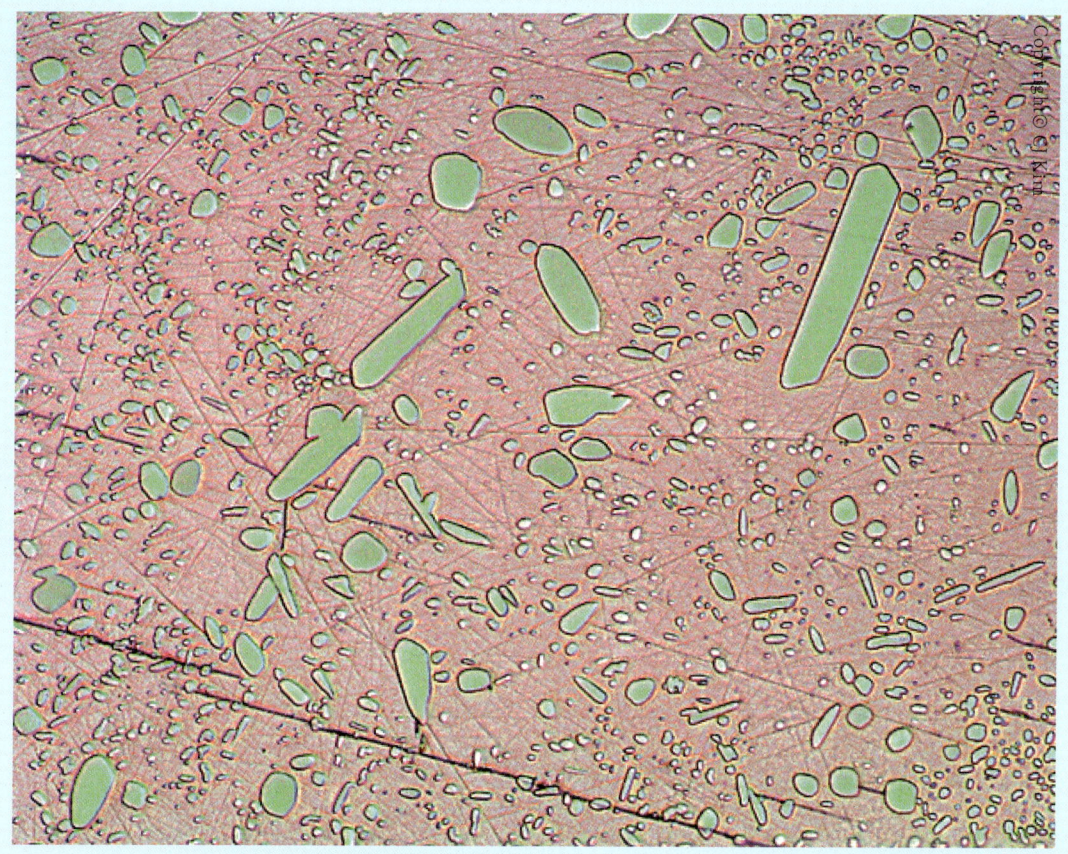

● 이 사진은 희토류 고온 초전도체의 결정 내부에 입자형태로 분산된 녹색 물질의 광학 현미경 사진이다. 초전도체 안에 들어온 자기장을 잡아주면 전기가 많이 흐른다. 녹색 물질이 플럭스 피닝(Flux Pinning) 역할을 담당한다. 검정색 초전도 분말에 녹색 물질을 적당량 섞으면 초전도체 안에 녹색 물질의 입자들이 분산된다. 자기장은 녹색 물질/초전도 경계(녹색 입자와 붉은색 매트리스의 경계)에서 잡힌다. 전자들은 자기장을 피해서 자유롭게 움직인다. 이 초전도체에는 단위 센티미터제곱(cm^2) 면적에 수만에서 수십만 암페어의 전기가 흐른다. 쓸모 없어 보이는 녹색 물질도 이렇게 유용하게 사용된다.

Superconductivity

씨앗을 심자

베드노르즈와 뮬러가 발견한 란탄바륨구리 산화물 초전도체 이후에 액체질소 온도 이상에서 초전도가 되는 많은 산화물 초전도체가 발견되었다. 새로운 초전도체의 공통점은 구리와 산소가 초전도 현상의 결정적인 역할을 한다는 점이다. 초전도 전자가 구리(+) 양이온과 산소(-) 음이온을 통해 움직인다는 사실이 밝혀졌다. 또한 신물질들은 모두 페로브스카이트(Perovskite)라는 동일한 결정구조를 가진다는 사실도 알아냈다. 과학자들은 하나씩, 둘씩 산화물 초전도체의 정체를 밝혀갔다.

"선생님, 이번에 발견된 산화물 초전도체는 어떤 특성을 갖는지요?"

"이번에 발견된 초전도체는 액체질소의 끓는점인 77K 이상에서 초전도 현상이 나타납니다. 높은 초전도 임계온도는 아주 큰 장점이지요. 산화물 초전도체 이전에 발견된 초전도체(주로 금속 단원소나 합금)는 임계온도가 절대온도 30K 이하입니다. 이 물질들을 초전도 상태로 냉각하려면 값비싼 액체헬륨을 냉매(냉각해 주는 매질)로 사용해야 합니다. 액체헬륨은 고가고, 지구상에 희귀하고, 고갈될 위험에 처해 있습니다. 고온 초전도체는 값이 저렴한 액체질소(온도 77K)로 냉각할 수 있습니다. 가격으로 보면 냉매가 위스키에서 샴페인으로 바뀐다고 할 수 있지요. 냉매가 바뀌면 초전도 전기기기를 만들 때 냉각에 필요한 장치 구성이 간단합니다. 그만큼 산업활용에서 가격 경쟁력이 좋습니다."

"액체헬륨 대신 액체질소를 사용하면 가격을 많이 낮출 수 있다는 말씀이시군요."

"그렇습니다. 또 다른 장점으로 산화물 초전도체는 비열(Heat capacity)이 큽니다. 초전도 기기를 제작할 때 비열이 매우 중요합니다. 비열은 어떤 물질을 온도 1도 올릴 때 필요한 에너지입니다. 초전도선으로 제작한 장치를 사용할 때 과도한 전기나 열에너지가 도선에 흐를 수 있습니다. 열로 인해 초전도 도선의 온도가 올라가면 초전도 상태가 깨집니다. 이때 도선에서 열을 빨리 빼주지 않으면 갑작스러운 폭발사고가 일어납니다. 비열이 작으면 작은 에너지에도 도선의 온도가 쉽게 상승합니다. 반대로 비열이 크면 외부에서 열원이 들어오더라도 초전도 상태가 쉽게 깨지지 않습니다. 고온 산화물 초전도체는 비열이 커서 열 안정성이 우수합니다."

"산화물 초전도체가 세라믹(Ceramic)이라고 하던데 그것은 어떤 의미인가요?"

"산화물 초전도체가 세라믹인 점은 큰 단점입니다. 세라믹이란 쉽게 말해서 우리가 길에서 흔히 볼 수 있는 딱딱한 돌덩어리 같은 소재를 말합니다. 지구상의 흙이나 돌은 대부분 산화물입니다. 돌 같아서 원하는 형태로 가공하기 까다롭습니다."

"그렇군요. 초전도체를 전기산업에 사용하려면 가느다란 선으로 만들어야 한다고 들었습니다. 세라믹처럼 딱딱한 물질을 선으로 만드는 것이 가능한지요?"

"금속은 연해서 쉽게 선으로 만들 수 있지만 세라믹은 딱딱하고 잘 깨지기 때문에 자체로는 선으로 만들기 어렵습니다. 하지만 연한 금속관에 산화물 분말을 넣어서 가공하면 선으로 만들 수 있습니다."

"고온 초전도체는 제작하는 방식에 따라 전기가 잘 흐르는 경우가 있고, 그렇지 않은 경우가 있다고 하는데 그 원인은 무엇입니까?"

"초전도 전자는 단독으로 움직이는 것이 아니라 전자쌍을 이루어서 이동합니다. 전자를 넓이 뛰기 선수나 장애물경기 선수로 생각하면 고온 산화물 초전도체의 전자들은 넓이뛰기는 잘하는 편인데 높이뛰기 실력은 형편없습니다. 전자들이 쿠퍼 쌍을 이루어 전진하다가 전자의 흐름을 방해하는 장애물을 만나면 뛰어서 넘어가야 하는데, 작은 장애물 앞에서도 주저앉고 맙니다."

"그런 단점을 극복할 수 있나요?"

"사람이라면 훈련을 시켜서 능력을 배양시켜 줄 수 있는데, 초전도체의 높이뛰기나 넓이뛰기 능력은 태어날 때 타고납니다. 원자들이 층층이 쌓여 있는 페로브스카이트 구조가 원인을 제공하고 있다는 지적이 있습니다. 단점을 극복하기 위한 공법들이 개발중입니다."

"초전도체 안에서 흐르는 전기량이 방향에 따라 다르다는 말을 높이뛰기나 넓이뛰기로 표현했는데 좀더 자세한 설명을 해주실 수 있습니까?"

"그러지요. 고온 산화물 초전도체 중 가장 유망한 재료로 $YBa_2Cu_3O_{7-y}$가 있습니다. 이 재료는 이트륨, 바륨, 구리들이 산소와 결합하고 있습니다. 초전도 전류는 구리(Cu)-산소(O)의 층으로 흐르는데 이 층에 평행한 방향에서는 구리와 산소가 촘촘히 배열되어 있어서 흐름이 원활하지만 수직 방향으로는 그 배열이 엉성해서 전기가 잘 흐르지 못합니다. 무슨 이야기냐 하면, 10층짜리 빌딩에서 사람들이 움직인다고 할 때 옆층으로는 잘 갈 수 있도록 통로가 잘 설계되어 있는데 위층으로 가는 길은 거의 막혀 있는 것이지요."

"그러면 구리와 산소가 있는 곳을 잘 설계하면 전기가 흐르는 능력을 향상시킬 수 있나요?"

"그렇습니다. 처음에는 $YBa_2Cu_3O_{7-y}$의 산소의 수(7-y)가 9라고 생각했었습니다. 나중에 다시 잘 계산해 보니까 산소 개수가 최대 7 이상을 넘지 않는다는 것을 알게 되었지요. 다른 양이온들의 숫자는 일정합니다. 산소량은 초전도 전기 흐름에 중요한 역할을 합니다. 산소 숫자가 클수록 전기가 많이 흐릅니다."

"양이온은 정해져 있는데 산소는 그렇지 못하군요."

"그렇습니다. 산소원자들이 많으면 초전도 임계온도가 높고 전기량이 큽니다. 초전도 성질을 좋게 하려면 가급적 산소를 많이 넣어줄 필요가 있습니다. 또 산소원자들이 격자 내에서 여기저기 평균적으로 배열하는 것이 아니라 구리 옆의 한쪽 방향으로만 배열합니다. 그로 인해서 주변 격자가 스트레스를 받고 이를 해소하고자 쌍둥이(Twin) 결정들이 생깁니다."

"쌍둥이 결정(Crystal)이란 말이 재미있네요."

"그렇습니다. 똑같이 생긴 두 사람을 쌍둥이라고 하는 것처럼 똑같이 생긴 결정을 쌍둥이 결정이라고 합니다. 처음에는 이 쌍둥이 결정 때문에 초전도 임계온도가 높은 것이 아닌가 생각했었습니다. 그것이 아니라는 결과들이 보고되면서 쌍둥이 결정에 대한 관심이 줄어들었습니다."

"이 재료를 산업에 사용하려면 세라믹 초전도 물질의 딱딱함, 방향에 따라 다른 전기량, 산소의 배열 등이 해결되어야겠군요."

"어떤 물질이든 해결되기 어려운 문제점이 있지만 대부분 연구자들의 노력으로 해결됩니다. 한 가지 방안은 초전도 결정들을 한 방향으로 배열해 주는 것입니다. 씨앗(종자, seed)을 심어주어 초전도 결정을 성장시키면 결정들이 한 방향으로 자랍니다."

"씨앗(종자)이라면?"

"종자는 결정을 성장시킬 때에 자주 사용합니다. 물질을 녹인 다음에 씨앗을 심어주고 온도를 서서히 내리면 그 씨앗을 따라서 결정이 자랍니다. 이 방식으로 초전도 결정을 원하는 방향으로 성장시킬 수 있습니다."

"종자는 어떤 것을 사용하나요?"

"종자물질은 각 회사마다 비밀 사항일 수 있습니다. 기본적으로 희토류 원

● 빛의 눈으로 고온 초전도체의 결정을 위에서 바라본 사진이다. 이 사진은 구리와 산소가 조밀하게 배열된 원자층을 위에서 바라본 사진이다. 주로 이곳에서 수많은 쿠퍼 전자쌍이 만들어져 저항 없이 흐른다. 초전류가 흐르는 구리-산소층에 산소원자들이 비집고 들어가면 주변 원자들은 스트레스(Stress)를 받는다. 스트레스는 직각으로 만나는 선을 경계로 하는 많은 쌍둥이 결정(Twin crystal)을 만든다. 이 선들이 많을수록 초전도 임계온도가 높다. 연구자들이 이 수직으로 만나는 선들에 고온 초전도 현상의 비밀이 숨어 있다고 생각했다. 하지만 선들은 고온 초전도의 비밀과는 상관이 없었다. 자연은 인간에게 있는 그대로를 보여준다. 그것을 인간이 제대로 이해할 때 우리는 새로운 과학적 사실을 알게 된다.

● 씨앗(중앙)을 심어서 만든 이트륨 산화물 고온 초전도체.

산화물 고온 초전도체는 페로브스카이트(Perovskite)란 결정구조를 가진다. 이 구조는 큐빅(Cubic)을 3단으로 쌓은 형태로 높이가 가로(세로)의 세 배가 된다. 가운뎃방에는 한 개의 이트륨원자, 아래와 윗방에 각각 한 개의 바륨원자가 들어 있다. 격자의 꼭지점에는 산소원자와 결합하고 있는 구리원자가 있다. 구리와 산소가 잘 배열된 결정의 수평방향으로는 전기가 잘 흐르지만 수직방향으로는 그렇지 못하다. 이 단점을 보강하기 위해 결정을 성장시킬 때 시편의 중앙에 씨앗(종자)를 심는다. 다섯 개의 구멍을 가진 시편의 중앙에 씨앗이 심어져 있다. 초전도 결정은 씨앗에서부터 자란다.

소를 바꾸어서 녹는 온도가 조절된 종자를 만듭니다. 예를 들어, 이트륨(Y)-바륨-구리 초전도체를 만들려면 그보다 녹는 온도가 높은 사마륨(Sm)-바륨-구리 초전도체를 씨앗으로 사용합니다."

"그렇게 만들면 성질이 어느 정도 좋아지나요?"

"앞에서 설명한 대로 고온 초전도체는 전기가 한 방향으로는 잘 흐르고, 다른 방향으로 잘 흐르지 않습니다. 씨앗을 넣어주면 전기가 잘 흐르는 방향으로 초전도 결정들이 자랍니다. 완전반자성 성질에 의한 자기부상력을 기준으로 보면 한 다섯 배 정도 좋아집니다."

"다섯 배까지 성질이 좋아졌다면 초전도체의 자기부상력은 현재 어느 정도인가요?"

"이 방법으로 수 센티미터 크기의 초전도 단결정 덩어리를 키울 수 있습니다. 이 정도 크기의 초전도체와 4센티 직경의 영구자석을 사용하면 20킬로그램 정도를 공중에 띄울 수 있습니다."

"한 개의 초전도체로 20킬로그램의 중량을 띄운다니 대단하군요."

"그렇습니다. 단순 계산으로 10개의 초전도를 사용하면 200킬로그램을 띄울 수 있으니까 초전도체 100개면 2톤의 중량을 띄울 수 있습니다. 이 정도의 자기부상력을 이용하면 상당한 에너지를 저장할 수 있습니다."

필자의 연구팀은 고온 산화물 초전도 합성 연구를 하면서 종자를 심는 공법에 대해 오래 연구해 왔다. 종자를 심는 연구를 진행하던 중 한 명의 연구자가 좋은 의견을 제시했다.

"박사님, 종자를 시편의 중심에 하나를 심지 않습니까?"

"그렇지요. 정중앙에 하나를 심지요."

"그러지 말고, 여러 개를 심으면 어떨까요? 원래 이 공법이 시간이 많이 걸리지 않습니까. 수 센티미터로 자라게 하려면 온도를 서서히 내려주면서 10일 정도 기다려야 합니다. 결정이 성장하는 속도가 너무 느리기 때문입니다. 결정성장을 빠르게 하려면 종자를 여러 개 심어서 종자들에서 동시다발적으로 결정이 성장하게 하면 시간을 많이 단축시킬 수 있을 것 같습니다."

"그거 좋은 아이디어입니다. 한 번 시도해 봅시다."

필자의 연구실은 종자를 여러 개 심는 공법을 성공적으로 개발해서 '다중 종자결정법'이란 제목으로 국제 학술지에 게재했다. 이후에 필자는 한 개의 씨앗으로 여러 개의 결정을 만드는 공법, 씨앗을 시편 중간에 심어 양쪽으로 결정을 자라게 하는 공법 등 개선된 공법을 개발하여 특허를 출원했다. 이런 신기술 개발로 인해 필자의 연구실은 세계 유명 연구실과 어깨를 나란히 하는 연구실로 발돋움했다.

Copyright ⓒ CJ Kim

● 필자의 연구팀이 대량생산에 성공한 고온 산화물 단결정 덩어리 초전도체의 사진이다. 초전도체의 실제 크기는 한 변이 4센티미터다. 이보다 큰 덩어리 초전도체도 제조할 수 있다. 모든 초전도체 중앙에는 초전도체의 방향을 결정하는 씨앗(종자)이 있다. 이 초전도체 하나와 영구자석을 사용해서 20킬로그램의 중량을 띄울 수 있다. 자기부상력이 큰 이유는 초전도체 안에서 큰 전류가 흐르기 때문이다. 씨앗 공정은 품질이 우수하나 제조과정이 까다롭고 시간이 많이 걸리기 때문에 초전도체의 가격이 매우 비싸다.

Superconductivity

경계에 잡힌
자기장

1993년 겨울, 미국 인디애나 노트르담 대학(University of Notre Dame)에서 1년간 박사후 연구자(Postdoctoral fellowship) 과정을 마치고 한국에 돌아왔다. 연구실에 복귀한 필자는 미국에서 배운 효율적 시간관리를 연구실 생활에 적용하기로 결심했다. Nine-to-Five(9-5). 함께 일하는 연구자들에게 6시가 되면 퇴근하라고 했다. 근무시간에 열심히 일하고 근무가 종료되면 퇴근해서 가정으로 돌아가라고 했다. 일하는 시간이 길면 결과가 많이 나온다고 생각하지만 반드시 그런 것은 아니다. 시간보다는 집중력이 더 중요할 수 있다. 필자의 경우 미국에 가기 전에 12시까지 연구실에서 일을 하면서 1년에 3-4편의 논문을 SCI 국제 학술잡지에 게재했었다. 미국생활에서 배운 생활방식을 연구에 적용하고 6시 정시에 퇴근을 했지만 비슷한 정도의 연구실적을 얻을 수 있었다.

한국으로 돌아와서 필자는 자기장에 잘 견디는 고온 초전도체를 만드는 연구를 시작했다. 미국에서 연구했던 주제도 자기장에 강한 초전도체의 미세조직 설계였다. 일본에서는 이미 자기부상력이 강한 초전도 물질 제조에 성공해서 이 분야 연구를 주도하고 있었다. 필자는 연구자들과의 협의를 통해 새로운 초전도체 재료설계를 추진하고 있었다. 팀 회의중에 초전도체의 현황에 대한 간략한 토의가 있었다.

"현재의 초전도체 합성연구는 일본이 주도하고 있습니다. 최근 동향에 따르면, 일본 초전도연구소에서는 초전도체에 '녹색 물질'을 첨가해서 초전도체의 특성을 상당히 높였다고 합니다. 저희도 녹색 물질에 대해 관심을 가져야 할 것 같습니다."

"그렇습니다. 녹색 물질의 첨가량에 따라서 자기장에 대한 저항력이 증가한다는 보고가 많습니다. 그런데 중요한 점은 녹색 물질의 양과 크기입니다."

"그렇습니다. 첨가된 녹색 물질은 초전도 내부에 작은 입자형태로 분산됩니다. 그 입자들과 초전도체의 경계면이 자기장을 잡아주는 역할을 하게 됩니다. 같은 양을 넣더라도 입자들이 미세하게 분산되도록 해주면 경계면이 많아지니까 효과가 배가됩니다."

"그렇군요. 최근 일본에서 녹색 물질을 미세하게 분산시켜 주는 촉매물질을 찾은 것 같습니다. 백금 산화물인데 한 1% 정도면 충분하다고 합니다."

"저도 그 논문을 읽었습니다. 제 생각인데 백금 산화물은 조금 문제가 있다고 봅니다. 초전도 물질의 구성성분이 희토류인 이트륨과 바륨, 구리산화물인데 이 원료분말 가격을 모두 합친 것과 백금 산화물 1%의 가격이 거의 같습니다. 백금을 사용하면 경제성이 떨어집니다. 그보다는 제가 최근 주목하고 있는 물질이 하나 있습니다. 세륨 산화물(CeO_2)입니다. 제가 미국에 있을 때 예비적인 실험을 통해 그 효과를 검토해 보았습니다."

"세륨 산화물이요? 세륨이라면 이트륨(Y)과 같은 희토류 산화물 아닙니까?"

"네, 그렇습니다. 희토류계 초전도 물질들에는 공통점이 있습니다. 고온 산화물 초전도체에서 초전도 전류를 주도하는 곳은 (구리-산소) 층입니다. 바륨이나 이트륨은 초전도 흐름에 관여하지 않는다고 합니다. 그래서 희토류 이트륨을 다른 희토류 원소인 네오디뮴(Nd), 사마륨(Sm), 가돌루늄(Gd)과 같은 원소로 바꾸어도 초전도 현상에는 아무런 문제가 없습니다. 이런 희토류 원소들은 원자들이 페로브스카이트라는 집을 지을 수 있도록 도와주는 원소라고 할 수 있지요. 그런데 희토류 원소 중에 특이한 원소가 하나 있습니다. 그것은 세륨(Ce)인데, 이 물질은 다른 희토류와 잘 섞이지 않습니다. 자세히 들여다보면 세륨은 원자가가 (+4)인 데 반해 다른 희토류 원소들의 원자가는 (+3)입니다. 그래서 세륨은 페로브스카이트 구조를 만드는 데 사용될 수 없습니다. 하지만 이 물질이 '녹색 물질'의 입자를 작게 하는 데 효과가 있을 것 같다는 생각이 듭니다. 이 물질은 백금처럼 비싼 물질이 아니라서 1%를 첨가한다고 해도 가격에 아무런 영향을 미치지 않습니다."

"녹색 물질에 대한 효과가 있다면 가격적인 면에서 백금과는 비교가 되지 않겠군요. 한번 시도해 봅시다."

연구팀은 새로운 촉매물질에 대한 실험을 시작했고, 몇 달이 지나서 학계에 보고할 만한 수준의 결과를 얻었다.

"김 박사님, 이 결과를 좀 보세요. 세륨 산화물을 첨가한 시편에서는 녹색 물질이 아주 작습니다. 그리고 이 시료의 성질을 측정해 본 결과 모든 성질이 아주 좋습니다. 특히 이 재료를 만들 때 고온에서 물질이 녹아서 액체가 생기는데 세륨 산화물을 넣으면 액체가 시료 밖으로 잘 흘러나오지 않습니다. 최종적으로 초전도 임계온도가 높고, 자기장에서 전기가 잘 감소하지 않습니다."

"아, 그렇군요. 성공입니다. 빨리 국제 학술지에 논문을 써 보냅시다."

영문 논문을 작성해서 일본의 응용물리학회와 영국의 초전도 관련 잡지에 논문을 보냈다. 한두 달의 교정 작업을 거쳐 세륨과 관련된 두 편의 논문이 학술지에 게재되었다.

"Dear authors,

I am very happy to say that your manuscript was accepted in this Journal. The paper will be published according to the publication process.

from editor."

연구팀은 후속적인 실험을 통해 세륨이 다른 희토류계 초전도 물질의 자기장 저항성을 높인다는 것을 밝혔다. 필자는 세륨 산화물 연구를 통해 연구팀의 이름을 세계 초전도 연구학계에 등록할 수 있었다.

Copyright© CJ Kim

● 세륨 산화물을 촉매로 사용하여 제작한 초전도 타일이다. 세륨을 촉매로 사용하면 성능이 우수한 초전도 타일을 제작할 수 있다. 액체질소로 냉각한 초전도 타일 위에 8개의 영구자석들이 한몸으로 공중에 떠 있다. 필자는 일본과 미국의 연구자들의 연구결과를 보면서 많은 아이디어를 얻었다. 특히 일본 연구자들의 치밀하고 체계적인 연구는 필자의 연구에 큰 도움이 되었다. 필자는 지속적인 재료합성/제작 연구를 통해 SCI 국제학술지에 150여 편의 논문을 게재했고, 이 분야를 대표하는 국제적인 전문가 중의 한 명이 되었다.

"C.-J. Kim이라는 한국 연구자가 있는데, 미국 노트르담 대학에서 연구한 후에 한국에서 초전도 연구를 계속하고 있다고 합니다. 근자에 녹색 물질의 입자크기를 조절하는 촉매제인 세륨 산화물에 대한 결과를 지속적으로 보고하고 있는데 눈여겨볼 만합니다."

필자는 국제학술학회에서 여러 번의 초청발표를 통해 진행된 연구결과를 학계에 알렸다. 이후 많은 연구자들이 백금보다는 세륨 산화물을 촉매로 사용한 연구결과를 학계에 보고함으로써 이제는 연구계-산업계 전반에서 세륨 산화물이 보편적인 촉매물질로 사용되고 있다.

매년 참가하는 일본의 국제학술대회 전시장에서 한 사람이 필자를 찾아왔다.

"김 선생님, 저는 일본 신일본제철의 초전도 연구팀에 있는 직원입니다. 선생님의 세륨 첨가에 대한 논문들을 잘 보고 있습니다. 저희 회사에서 그 동안 백금을 촉매물질로 사용해 왔는데, 아무래도 가격 때문에 세륨 산화물로 바꾸어야겠다는 생각이 듭니다. 혹시 선생님께서 세륨 산화물에 대한 특허를 등록해 놓으셨는지요?"

필자는 그 직원의 얼굴을 보고 미소를 지으며 대답했다.

"저는 세륨 첨가물에 대한 특허를 등록하지 않았습니다. 당신네 회사에서도 세륨 산화물을 첨가제로 자유롭게 사용할 수 있습니다. 좋은 결과가 있기를 기대합니다."

트랜지스터를 발명해서 노벨상을 탄 바딘 교수는 트랜지스터 발명을 특허로 등록하지 않았다. 현대산업에서 특허는 자신의 기술을 보호하고 재화를 획득하는 중요 장치다. 현대 기업에서 특허가 없이는 기업 활동을 할 수 없다. 하지만 좀더 넓은 의미에서 생각한다면 특허란 자신이 만들 기술을 보호하는 폐쇄적인 제도다. 바딘 교수는 트랜지스터의 발명이 인류의 번영을 위해

● 필자의 연구팀에서 대량으로 생산한 덩어리 고온 초전도체의 사진이다. 품질이 우수한 덩어리 초전도체의 생산에는 세륨 산화물이 촉매물질로 사용된다. 덩어리 초전도체의 특성에 미치는 세륨 산화물의 효과는 필자의 연구팀원의 노력으로 규명되었다. 세륨 산화물은 자기장을 잡아주는 녹색 물질을 작게 만들어주고, 초전도 결정이 자랄 때 액체들이 밖으로 빠져나가지 않게 액체의 점도를 높여주고, 초전도 성질을 높여준다. 필자의 연구팀은 세륨 산화물 첨가 공법으로 고품질 덩어리 초전도체의 대량생산에 성공했다.

사용되기를 원했기 때문에 자신의 발명을 특허로 만들지 않았다고 한다. 트랜지스터에 비교하면 세륨 촉매의 발견은 아주 작은 것이다. 지금도 가끔 다른 사람들이 세륨에 대한 특허를 만들어 놓았어야 했다고 충고를 하는 경우가 있지만 필자는 세륨 산화물 연구를 통해서 좋은 연구를 많이 했고, 덕분에 학계에서 필자의 이름을 인지할 수 있는 수준이 되었기에 감사하게 생각하고 있다.

Superconductivity

마에다 선생의
막자사발

고온 산화물 초전도 물질의 발견 이후 미래 초전도 산업의 선점을 위해 미국, 일본, 유럽의 여러 나라들은 초전도 연구에 막대한 연구비를 투입했다. 범국가적인 재정지원과 연구자들의 노력으로 액체질소 이상의 온도에서 초전도가 되는 새로운 초전도 물질들이 속속 발견되었다. 새로운 초전도 물질을 합성한 연구자 중에 일본의 마에다* 선생이 있다. 그는 일본 국립금속연구소**에서 실장으로 일하고 있었다. 고온 산화물 초전도가 발견된 2년 후인 1988년에 마에다는 일본 응용물리학회에 새로운 초전도 산화물 합성에 대한 논문을 발표했다. 신물질은 일본 과학자가 독자적으로 합성한 첫 번째 산화물 초전도 물질로, 비스므스(Bi), 스트론튬(Sr), 칼슘(Ca), 구리(Cu)와 산소가 구성원소였다.

* Hiroshi Maeda, 1936–2014

** National Research Institute for Metals in Japan

"이번에 마에다 선생이 신물질을 합성했다면서요? 초전도 임계온도가 얼마나 됩니까?"

"일본 응용물리학 잡지에 나온 결과를 보면 초전도 임계온도가 80K가 넘고 흥미롭게도 작지만 110K에서도 초전도의 징후가 있습니다. 110K라면 이제까지 발견된 초전도 물질 중에 온도가 가장 높지요. 대단히 흥분되는 결과입니다."

국제 초전도 학술대회에 참석한 한국 과학자들은 자국 연구자의 신물질 합성소식에 열광하는 일본 과학계를 부러운 눈으로 바라보고 있었다. 그럴 수밖에 없는 것이 한국은 이제 겨우 초전도 연구를 시작한 단계였고, 정부 예산도 매우 적었다. 학회장에 모인 한국 과학자들이 마에다의 연구결과에 대해 의견을 나누었다.

"정말 대단한 결과입니다. 이제까지 발표된 초전도 물질 중에서 초전도 임계온도가 가장 높습니다. 우리도 빨리 세계 수준의 연구결과를 내놓았으면 좋겠습니다."

"비스므스 물질에서 초전도 현상이 있을 것이라는 아이디어는 프랑스 연구진이 처음 발표했습니다. 그런데 비스므스(Bi), 스트론튬(Sr)과 구리(Cu) 산화물인 그 물질은 초전도 임계온도가 매우 낮았습니다. 마에다 선생이 기본 물질에 칼슘(Ca)을 첨가해서 초전도 임계온도를 올렸다고 합니다."

"그렇군요. 그런데 한 가지 의문점이 있습니다. 이번에 합성한 비스므스 계 초전도 물질을 정말로 마에다 박사가 합성한 것이 맞습니까? 마에다 선생은 국립연구소의 실장이고 나이가 많은데 그 나이에 직접 연구실에서 실험을 했을 리는 없고, 혹시 다른 연구원이 한 일을 마에다가 했다고 한 것은 아닐까요?"

마에다는 퇴직을 앞둔 고령의 연구자였고, 직책이 연구실장이라 직접 실험을 했을까 하는 의구심이 들었던 것이다. 한국에서는 학생들이나 젊은 연구자들이 실험실에서 일을 하고 교수나 연구실장은 사무실에서 결과를 함께 검토하는 것이 일반적이다. 하지만 마에다 박사의 연구실을 방문해 본 사람들은 그가 실험을 직접 했다는 사실을 의심하지 않았다. 일본에서 공부를 해서 일본 사정을 잘 아는 연구자가 말했다.

"그렇게 생각할 수도 있지만 그것은 마에다 선생을 잘 몰라서 하는 말입니다. 제가 마에다 선생 연구실에 가 본 적이 있습니다. 그의 책상에는 자그마한 '막자사발'이 놓여 있습니다. 마에다 선생은 연구실에서 일을 하다 영감이 떠오르면 밤에 혼자 남아 직접 막자사발로 분말을 섞어서 물질을 합성했다고 합니다."

마에다 선생은 동네 아저씨와 같은 푸근한 품성을 가진 분이다. 그에게는 일본인 특유의 장인 정신이 있었다. 그는 한 가지 일에 집중해서 끊임없이 그것의 본질을 이해하고자 노력했고, 문제가 있으면 철저한 장인 정신으로 해

분말을 섞을 때 사용하는 기구

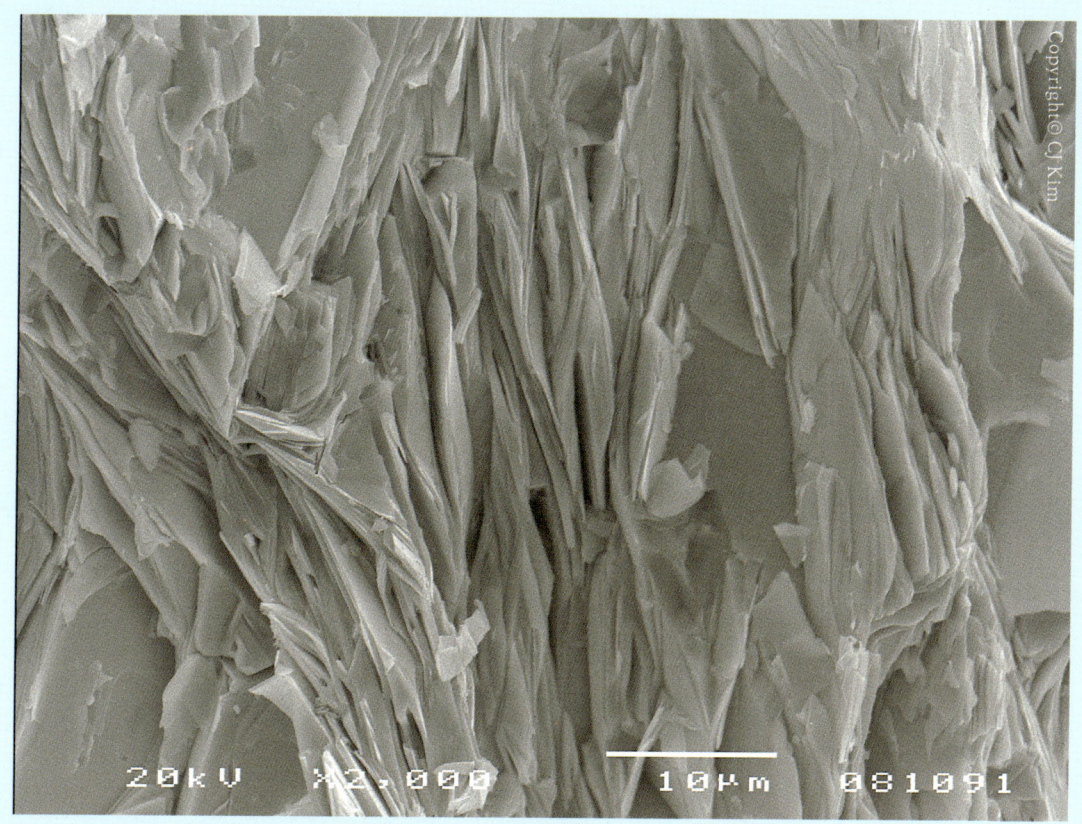

● 마에다가 처음 합성한 비스므스계 초전도체의 전자현미경 사진이다. 비스므스계 초전도체는 비스므스(Bi), 스트론튬(Sr), 칼슘(Ca), 구리(Cu)와 산소(O_2)로 구성된다. 희토류 산화물 초전도체와 마찬가지로 산소-구리층으로 초전류가 흐른다. 사진에서 보는 판들의 길이 방향으로 구리-산소가 배열되며, 그 면을 따라 초전류가 흐른다. 흥미로운 점은 페로브스카이트 결정구조 안에 산소-구리층이 몇 개가 있느냐에 따라 초전도 임계온도가 결정된다는 점이다. 구리-산소층이 한 개인 $Bi_2Sr_2CuO_6$, 두 개인 $Bi_2Sr_2CaCu_2O_8$과 세 개인 $Bi_2Sr_2Ca_2Cu_3O_{10}$의 초전도 임계온도는 각각 2K, 95K와 108 K로, 구리-산소층의 수가 많을수록 초전도 임계온도가 높다. 마에다 선생은 2014년 78세의 나이로 세상을 떴다. 2014년 일본 초전도학회에서 그를 기념하는 강연이 있었다.

● 원료분말을 섞을 때 사용하는 막자사발.

약국에서 약을 조제할 때 사용하는 막자사발과 같다. 막자사발에 원료 분말들을 넣고 섞는다. 이 작은 사발에서 세상을 바꾸는 놀라운 신물질 합성이 시작된다. 베드노르즈와 뮬러가 사용한 막사사발이나 일본의 마에다 선생이 사용한 막자사발이나 필자가 연구실에서 사용하는 막자사발이나 대동소이하다. 대학의 명망 높은 교수나 국립연구소의 연구원들이 밤 늦게 실험실에서 막자사발을 들고 씨름할 때 우리나라 과학계에도 노벨상을 기대할 수 있을 것이다.

결하고자 했다. 그는 격식을 따지지 않는 사람이다. 언젠가 미국의 휴스톤에서 개최된 미국 물리학회의 포스터 발표회장*에 서 있는 마에다 선생을 만났다. 그는 일본을 대표하는 유명한 과학자였지만 포스터 세션(Poster session)에서 자신의 결과를 진지하게 설명하고 있었다.

● 발표 자료를 게시판에 붙여 설명하는 방식으로 주로 학생들의 발표가 주를 이룬다.

필자가 미국 인디애나 노트르담 대학에서 박사후 연구자 과정을 하고 있을 때의 이야기다. 그 학교에는 한국인 유학생들이 제법 있었다. 누구든지 학생들은 좋은 논문을 써서 빨리 졸업을 하고 취업을 하는 것을 목표로 공부한다. 학교에서 산책을 하다가 한국인 학생을 만나서 학위과정이 잘되어가고 있느냐고 물으면 곧 졸업을 할 것이라고 했다. 그리고 몇 학기가 지나서 그 학생이 보이지 않아서 다른 학생에게 그 학생의 근황을 물었다. 학생은 이렇게 대답했다.

"아! 그 학생이요. 다른 학교로 옮겼습니다. 지도 교수와 소통이 잘되지 않아서 학업을 계속하기 어려웠었다고 합니다."

다른 나라에서 학업을 하기란 그렇게 쉬운 일이 아니다. 언어가 자유롭지 않고 다른 나라의 문화도 배워야 하고, 과학에 대한 자세가 다를 수밖에 없는 상황에서 단기간에 학업을 마치기는 어렵다. 학생 본인은 열심히 하고 있다고는 하지만 교수와 소통이 잘되지 않아서 어려움을 겪는 경우가 많다.

필자와 동일한 주제로 박사과정을 하고 있던 한 학생이 필자를 찾아왔다. 자신이 발표할 과제에 대해 학문적인 조언을 달라는 것이었다. 학생의 지도교수는 인도 출신의 조교수로 학과에 부임해서 정식교수가 되기 위해 학생들과 밤을 새워가며 연구하고 있었다. 한국인 학생은 박사과정 시험을 마치고 논문심사만을 남겨두고 있었다. 필자는 데이터에 대한 조언을 주었지만 학생은 1차 발표시험을 통과하지 못했다. 발표결과가 만족할 만한 수준이 아니라서 두 달 후에 재심사를 하기로 했다. 그러던 중 그의 지도교수가 학교의 정식교수 심사에 떨어져서 학교를 그만두게 되었다.* 학생은 어려운 입장이

● 포스터 발표회장에서.

일본의 대표적인 초전도 연구자인 마에다 선생은 학생들이 발표하는 포스터 발표회장에서 자신의 연구결과를 게시하고 찾아오는 연구자들에게 자세하게 설명을 해주었다. 좋은 연구결과를 도출하려면 연구결과 이전에 연구에 대한 태도가 중요하다. 마에다와 같은 장인정신을 가진 과학자들이 있었기에 일본은 많은 노벨 과학상 수상자를 배출했다. 우리는 아직 기초과학에 대한 이해가 부족하고, 국가적인 지원도 미약하다. 기초과학은 국가의 지속적인 연구지원과 연구자의 주제에 대한 몰입이 중요하다. 아무리 뛰어난 연구자들이라고 해도 한 평생의 기나긴 연구 후에 하나의 열매를 맺는다. 사진은 초전도 국제학회 포스터 발표회장에 서 있는 박순동(S. D. Park) 연구자다. 그는 오랜 기간 필자와 연구를 함께해 오고 있다.

되었지만 지도교수가 다른 곳에 가더라도 학위심사에 참여하겠다는 약속을 해주어서 마지막 발표에 정성을 쏟고 있었다. 심사 당일이 되었지만 그의 지도교수는 발표에 참석하지 않았다. 학생은 1차 발표 때와 마찬가지로 발표결과가 미흡하다는 심사평을 받고 결국 졸업 발표시험을 통과하지 못했다. 학생은 낙망해서 오랜 기간 침울하게 보내다 다시 다른 분야의 공부를 해서 지금은 미국에서 직업을 얻어 직장생활을 잘하고 있다고 한다. 우리나라에서는 학생들이 박사심사에서 떨어지는 경우가 거의 없다. 결과가 조금 미흡하더라도 지도교수와 심사위원들이 선처를 해 주기 때문이다. 하지만 서구의 경우 심사제도는 매우 엄격하다. 자격이 되지 않는 사람을 심사에서 구제해 주는 일은 없다. 그래서 한국 유학생 중에서 5년 안에 박사 학위를 따는 사람은 그다지 많지 않다.

한국에 서구의 과학기술 연구가 처음 도입된 시기는 한국과학기술원**이 설립된 1970년대. 이 시점을 기준으로 하면 우리나라의 과학기술의 역사는 40-50년 정도밖에 되지 않는다. 유럽의 과학기술의 역사는 200년 이상이고, 미국은 유럽 이민자들이 세운 나라이기 때문에 미국의 과학역사도 유럽과 같다고 보아야 한다. 일반적으로 미국 학생들은 유학생들보다 졸업이 상대적으로 빠르다. 언어에 문제가 없고, 합리적 사고에 익숙하고, 과학을 대하는 태도에 진지함이 배어 있기 때문이다. 이에 반해 일부 한국 학생들은 어떤 연구를 할 때 획기적인 결과가 나오기를 기대한다. 실험결과를 분석해서 데이터에 특이점이 없으면 버리는 경우가 있다. 어느 교수가 학생에게 이렇게 물었다.

"지난번 실험결과가 어떻습니까?"

"실험을 망쳤습니다."

"실험을 망쳤다는 것이 무슨 뜻입니까? 망친 시편이라도 가져와 보십시오."

• 미국에서 조교수가 부교수로 될 확률은 50%를 넘지 못한다.

•• KIST, Korea Institute of Science and Technology

"죄송합니다. 실험을 망쳐서 시편을 쓰레기통에 버렸습니다."

교수는 학생을 쳐다보며 말했다.

"학생이 생각하는 실험을 망쳤다는 것이 어떤 것이지 모르지만 망친 것도 실험의 일부입니다. 그것이 어떤 상태인지 이해하여야만 다음에는 실패하지 않고 좋은 결과를 얻을 수 있습니다. 과학은 반드시 성공한 결과만 기록하는 것은 아닙니다. 앞으로는 모든 결과를 상세히 기록해 두세요."

단순하게 실험에만 몰두하는 미국이나 유럽 학생들의 연구 자세가 너무 순진하다고 느낄 때가 있다. 그들은 어떤 실험을 하든 결과를 그대로 기록하고, 그 결과가 어떤 의미를 갖는지는 나중에 천천히 생각한다. 한 주에 하나나 둘 정도의 데이터를 얻어 잘 기록해 두면 한 달이 지나고, 일년이 지나면 데이터가 제법 쌓인다. 이렇게 모인 데이터가 한 3년 정도 지나면 어떤 특별한 과학적인 사실을 말할 정도의 좋은 이야깃거리가 된다.

필자가 박사후연구자 과정을 하면서 지도교수와 이런 대화를 나눈 기억이 있다. 연구실 세미나 시간이었다. 어떤 주제에 대한 실험 결과에 대해 토론을 하고 있었는데 교수가 나의 의견을 물었다.

"아, 저도 비슷한 실험을 한 적이 있습니다."

"닥터 김, 그 결과를 학회에 보고한 적이 있습니까?"

"아니오, 보고하지 않았습니다. 결과가 좋지 않아서요."

"그래요? 우리는 결과가 좋든, 나쁘든 보고를 합니다. 반드시 좋은 결과만 보고하는 것은 아닙니다."

한국 사람들은 과학을 특별한 것이라고 생각하는 경향이 있다.• 자신에게 주어진 연구를 통해 어떤 특별한 것을 얻으려 한다. 반면에 과학역사가 오래된 유럽이나 미국의 교수나 학생들은 과학에 관련된 실험이나 연구결과의

• 필자도 한때 그렇게 생각했던 때가 있다.

정리를 하나의 일상으로 생각한다. 어떤 주제에나 성실히 임해서 결과를 얻고, 그것을 잘 정리해 두면 평상적인 결과라고 생각한 것들이 나중에는 아주 특별한 것이 되는 경우가 많다.

    필자가 연구자로 있었을 때는 열정적으로 연구에 몰입했지만 연구책임자가 된 다음부터는 연구실에 있는 시간보다는 가방을 들고 밖으로 뛰는 시간이 더 많아졌다. 연구비를 따기 위해 관련자들을 만나고, 과제기획과 결과보고를 위한 행정적인 일로 많은 시간을 보냈다. 물론 과제를 진행하려면 이런 시간적 투자가 있어야 하는 것은 분명하지만 그래도 연구자는 실험실에 있어야 그 능력이 발휘된다는 생각에는 변함이 없다.

    우리나라는 이제 세계 10대 경제 선진국이 되었다. 가난에서 경제 선진국까지 매우 짧은 시간에 어느 민족도 이루지 못한 뛰어난 성과를 거두었다. 과학에 대한 투자도 지속적으로 이루어졌다. 이제 사람들은 한국에서도 노벨 과학상이 나올 때라고 말한다. 하지만 필자가 이 책을 집필하면서 느낀 점은 한국에서 노벨 과학상이 나오기에는 아직도 가야 할 길이 멀다는 것이다. '뉴턴[•]이 어떻게 만유인력을 발견했는지, 아인슈타인[••]이 어떻게 빛이 중력장에 의해 휠 수 있음을 알 수 있었는지' 그들이 겪은 과정에 대한 이해가 있어야 한다. 그들에게는 오랫동안 한 가지 주제에 대해 몰입할 수 있는 연구 분위기가 있었다. 그런 연구환경이 있어야 기초과학에서 결실을 얻을 수 있다. 한국에는 아직 연구를 할 수 있는 토양이 성숙되어 있지 않다. 물리학의 숙제와 도전이라고 할 수 있는 초전도 분야에서 1,000개가 넘는 초전도 물질이 발견되었지만 한국 연구자에 의해 합성된 물질은 없다.

    일본은 유카와 히데키[•••]가 처음 노벨 물리학상을 받은 후 이제까지 물리(7명), 화학(8명), 의학(2명) 등 10여 명의 노벨상 수상자를 배출했다.

    우리는 언제나 과학 분야의 노벨상 수상을 기대할 수 있을까?

[•] Sir Isaac Newton, 1642–1726, 영국의 물리학자이자 수학자

[••] Albert Einstein, 1879–1955, 독일 출생 유태인 이론 물리학자 겸 과학 철학자

[•••] Yukawa Hideki, 1907–1981, 일본의 이론 물리학자, 1945년 중간자의 존재를 이론적으로 예측하여 1949년 노벨 물리학상 수상

한국인 노벨상 수상자를 이야기하기 전에 연구자들이 연구실에서 자유롭고 지속적으로 연구할 수 있는 분위기와 여건이 우선적으로 마련되어야 한다. 일본의 국립연구소 연구실장 방에 있는 자그마한 막자사발이 일본의 연구환경과 연구자의 자세를 그대로 대변해 주고 있다. 한국 대학의 노 교수나 국립연구소 연구책임자의 책상 위에 막자사발을 올려놓을 수 있는 연구 분위기가 조성될 때 한국에서 노벨 물리학상 수상을 기대할 수 있을 것이다.

Superconductivity

보관함에 있던
그 물질이…

1957년에 미국 물리학회지인 《피지칼 리뷰(*Physical Review*)》에 발표되어 1972년에 노벨 물리학상을 수상한 BCS 이론은 초전도 현상의 모든 것을 설명했다는 평가를 받았다. BCS 이론이 발표되자 과학자들은 이제는 초전도 연구에 대해 더 이상 특별한 것이 없을 것이라고 단정했다.

"BCS 이론으로 초전도 현상의 거의 대부분 설명할 수 있습니다. 이제 초전도 현상의 모든 것이 밝혀졌다고 보아야 할 것 같습니다. 초전도 연구에 더 이상의 흥미로운 것은 없을 것입니다. BCS 이론에 따르면 우주에 있는 물질 중에 초전도 임계온도가 30K 이상인 물질은 존재하지 않습니다."

BCS 이론의 노벨 물리학상 수상에도 불구하고 1986년에 발견된 고온 초전도체는 자연계에 대해 알고 있는 인간의 지식이 얼마나 보잘것없는지를 극명하게 보여주었다. 전세계 과학계를 뒤흔든 고온 산화물 초전도체의 발견을 계기로 수많은 과학자들이 다시 초전도 연구전선에 뛰어들었다. 10여 년간 진행된 초전도 신물질 탐색연구의 성과로 초전도 임계온도는 130K(수은계 산화물 초전도체)까지 상승했지만 산업 활용분야에서 괄목할 만한 성과를 얻지 못하자 초전도 연구는 다시 시들해지는 듯했다. 그러던 중 2001년 1월에 유명한 국제 과학학술지인 《네이처(*Nature*)》에 초전도 신물질 발견에 대한 흥미로운 논문이 한 편 실렸다. 잡지에 발표된 신물질은 마그네슘(Mg)과 보론(B)이 결합한 화합물인 이붕화마그네슘(MgB_2)으로, 일본의 청산학원 대학* 물리학과 아키미츄** 교수 연구팀에 의해 발견되었다. 과학자들은 이 물질이 고전적인 합금형 초전도체로서는 예상외로 높은 온도에서 초전도가 되는 점에 주목했다. 논문을 읽은 과학자들이 새로운 초전도 물질에 대해 의견을 나누었다.

* Aoyama Gakuin University
** Jun Akimitsu

"일본 과학자에 의해 이붕화마그네슘이란 물질이 발견되었는데 초전도 임계온도가 39K라고 합니다."

"아, 저도 그 논문을 보았습니다."

"고온 초전도체에 비해서 온도가 많이 낮지만 주목할 만한 점들이 많습니다. 이 초전도체는 고온 산화물 초전도 계열이 아니라 금속 화합물 초전도입니다. 화합물 초전도체 중에서 온도가 가장 높습니다. 게다가 이 물질은 BCS형 물질인 것 같은데 BCS의 온도한계인 30K 이상에서 초전도 현상이 나타나는 것이 흥미롭습니다."

"아키미츄 교수가 이붕화마그네슘을 처음 합성했나요?"

"이붕화마그네슘은 새롭게 합성된 물질이 아닙니다. 이미 1953년부터 순도가 높은 보론을 만들기 위해 합성된 물질입니다. 이 물질은 화학물질을 취급하는 회사에서 쉽게 구입할 수 있습니다."

"그렇다면 처음 합성한 당시에는 이 물질이 초전도 성질을 가지고 있는지 확인해 보지 않았단 말이군요."

"그렇습니다. 다른 화학성질에 대한 보고는 있었지만 초전도에 대한 성질은 보고된 바가 없습니다. 그냥 보론을 사용하는 연구실의 시약 보관함에서 쉽게 볼 수 있는 그런 물질입니다."

"그런데 일본의 아키미츄는 어떻게 시약 보관함에 있는 이붕화마그네슘에 대해 초전도 성질을 측정할 생각을 했을까요?"

"글쎄요. 그것이 과학자들이 필수적으로 가져야 할 호기심 아니겠습니까? 그런 호기심이 있어서 새로운 과학적 사실이 발견될 수 있는 것이겠지요."

"그런데 이붕화마그네슘의 초전도 임계온도가 39K나 된다는 사실에 놀랐습니다. 현재 고자기장 자석에 사용되는 금속 화합물 초전도체인 Nb_3Sn보다 15K나 더 높습니다."

"그래서 이붕화마그네슘의 출현으로 물리학계가 다시 한 번 흥분하고 있습니다."

"그렇군요. 금속계 화합물 초전도체는 모두 BCS 이론을 따를 것이라고 했는데, 이 물질은 금속간 화합물인데도 초전도 임계온도가 BCS 한계를 넘어섭니다."

"금속계 화합물 초전도체는 만들기 쉽고, 성질도 좋으니까 이붕화마그네슘은 산업응용에서 유리할 수 있을 것으로 봅니다."

"네, 그렇습니다. 현재 자기공명이미지● 같은 의료기기나 고자기장 자석들에 사용되고 있는 물질은 합금 형태의 화합물 초전도체입니다. 만들기 쉽고, 물리적인 성질이 탁월합니다. 이붕화마그네슘도 같은 계열의 물질입니다."

MRI, Magnetic Resonance Imaging

"이붕화마그네슘의 발견에는 또 다른 중요성이 있습니다. 고온 산화물 초전도체는 초전도 임계온도가 높다는 장점을 갖지만 네 가지 원소로 구성되어 있어서 구조가 복잡하고, 원하는 형태로 제작하기 어렵고, 성질이 좋지 않습니다. 반면에 이붕화마그네슘은 구조가 간단하고 화학적으로 안정적입니다. 또한 보론과 마그네슘은 지상에 풍부하게 매장이 되어 있을 뿐 아니라 바닷물에도 많은 양이 녹아 있습니다. 그만큼 원료의 가격이 싸고 공급이 원활하지요."

"여러 장점을 가진 물질이군요. 높은 초전도 임계온도에는 어떤 장점이 있나요?"

"온도가 높으면 여러 가지가 유리합니다. 초전도 현상을 실제로 산업에 활용한 가장 대표적인 예가 병원에서 의료용으로 사용하는 MRI 장치입니다.

● 보론(붕소, B)은 원자력산업에서 많이 사용되는 물질로, 터키에 가장 많이 매장되어 있다. 마그네슘(Mg)은 중국에 많다. 마그네슘은 불꽃놀이나 미사일 추진용 고체원료, 자동차 경량화 소재로 사용된다. 두 물질 모두 전략물자로 수출입이 엄격히 통제된다. 위 사진은 이붕화마그네슘 초전도선을 구리 실린더에 감은 사진이다. 이 상태에서 초전도선에 얼마나 많은 전기가 흐르는지를 측정한다. 액체헬륨의 수요가 증가하면서 초전도 임계온도가 39K인 이붕화마그네슘에 대한 관심이 커지고 있다. 이붕화마그네슘은 많은 장점을 가지고 있다. 초전도 임계온도가 높고, 고가의 액체헬륨을 사용할 필요가 없다. 마그네슘과 보론은 지구에 풍부한 원소로 값이 싸다. 또한 두 원소 모두 가볍다. 이붕화마그네슘을 사용해서 의료기나 전력기기용 초전도 코일을 만들면 기기의 경량화와 소형화가 가능하다.

MRI는 자기공명장치라고 합니다. 원리는 이렇습니다. MRI는 초전도선을 감아서 만든 자석의 자기장으로 우리 몸의 병든 부분을 찾아냅니다. 초전도 자석에서 발생하는 자기장이 우리의 몸을 스캔(Scan)합니다. 자기장에 의해 우리 몸에 있는 수분 중 수소의 핵들이 공명합니다. 같은 수소원자이지만 정상적인 세포냐, 암에 걸린 세포냐에 따라 자기장에 의해 떠는 모양(공명)이 다릅니다. 수소 원자핵이 공명하는 신호들을 증폭시켜서 영상으로 만듭니다. 그래서 MRI를 자기공명장치라고 하는 것입니다. 이 장치를 사용하면 아주 효과적으로 우리 몸의 건강상태를 확인할 수 있지요. 현재 판매되고 있는 MRI 장치에는 나이오븀타이타늄(NbTi)이라는 초전도체 선을 사용합니다. 이 초전도선을 초전도 상태로 만들기 위해서는 냉매로 액체헬륨을 사용해야 합니다."

"액체헬륨은 우주에 존재하는 물질 중에서 온도가 가장 낮은 물질 아닙니까?"

"네, 그렇지요. 액체헬륨은 오네스가 기체헬륨을 액화시켜 만들었지요. 헬륨가스는 지구상에 많지 않습니다. 헬륨가스는 유전이나 가스전에서 추출되는데, 주로 미국이나 러시아에서 생산됩니다. 희귀한 물질이기 때문에 가격이 많이 비쌉니다. 리터당 만 원 정도 하던 것이 이제는 3만 원 정도까지 올라 있고, 지금은 그 가격에도 구하기 어렵습니다."

"초전도 기술의 활용에 액체헬륨의 확보가 중요하겠군요."

"그렇습니다. 요즘 중국의 경제성장 속도가 매우 빠릅니다. 그리고 브릭스 국가들의 경제가 성장함에 따라서 의료기기 산업이 확대되고 있습니다. 또한 전세계 인구의 고령화로 인해 의료기기에 대한 수요는 더욱 급증하고 있습니다. 특별히 중국과 인도 시장을 주목할 필요가 있습니다."

"그렇다면 MRI 의료기 산업도 덩달아 성장하겠군요."

BRICs, 브라질(Brazil), 러시아(Russia), 인도(India) 와 중국(China)을 통칭하는 말로, 골드만삭스가 처음으로 사용

● 1868년 프랑스 천문학자 피에르 장센(Pierre Jules César Janssen, 1824-1907)은 개기일식 중인 태양의 코로나를 관찰하던 중에 고리 모양의 녹색부분에서 이제까지 관찰되지 않았던 광선의 스펙트럼을 찾아냈다. 태양 관측으로부터 발견된 이 물질의 이름을 그리스 신화의 태양의 신인 헬리오스(Helios)의 이름을 따서 헬륨(Helium)이라고 했다. 헬륨은 우주에서 수소 다음으로 흔한 물질이지만 지구상에는 거의 존재하지 않는다. 지구상의 헬륨은 대부분은 방사성 원소의 핵 붕괴로 생성된 알파 입자이다. 우주에서 가장 가벼운 원소인 헬륨은 기체상태로 천연 가스 유전에 포함되어 있다가 발견된다. 1903년에 미국의 천연 가스전에서 다량의 헬륨이 발굴되었다.

"맞습니다. MRI 산업은 두 배 이상으로 성장할 것으로 예상되는데, 문제는 냉매인 액체헬륨의 공급량을 늘릴 수 없다는 것입니다. 그래서 해결책으로 초전도 자석을 액체헬륨을 사용하지 않고 냉각하는 방법을 생각하고 있습니다."

"어떤 방식이지요?"

"냉동기를 이용하는 방식입니다. 전기를 사용해서 초전도 자석을 냉각할 수 있는데 가격 경쟁력이 있으려면 가동온도가 20-25K는 되어야 합니다."

"그래서 이붕화마그네슘이 장점이 있다고들 하는군요."

"그렇지요. 이붕화마그네슘은 초전도 임계온도가 39K입니다. 전세계 MRI 시장의 90% 이상을 점유하고 있는 제너럴일렉트릭(GE, General Electric Company), 필립스(Phillips), 지멘스(Siemens) 등의 다국적 의료기기 회사들이 이붕화마그네슘을 사용해서 가동온도가 20-25K인 초전도 자석을 만들어 MRI에 적용할지를 논의중입니다. 일부 MRI 제조 회사에서는 이미 기본형 제품을 만들었다는 이야기가 있습니다."

"MRI 이외에 다른 분야에도 응용이 가능한지요?"

"일본 같은 경우에는 전세계에서 유일하게 초전도 자기부상열차를 개발하고 있습니다. 자기부상열차를 띄워서 움직이는 데 초전도 자석을 사용합니다. 현재는 이 자석을 액체헬륨으로 냉각합니다. 액체헬륨으로 냉각하는 방식은 별도 냉각용기가 필요하기 때문에 부피가 크고 중량이 많이 나갑니다. 냉동기로 작동하는 이붕화마그네슘 초전도선을 사용하면 훨씬 작고 가벼운 초전도 자석을 만들 수 있습니다."

연구실의 시약 보관함에서 주목을 받지 못하고 있던 이붕화마그네슘은 일본 연구자에 의해 초전도 물질로 판명되어 새롭게 주목을 받게 되었다. 물리학자들은 이 물질이 BCS 모델의 초전도 임계온도 한계의 빈 공간을 설명할 수 있을 것으로 기대하고 있다. 또한 산업계에서는 액체헬륨 고갈을 해결해 줄 소재로 주목하고 있다. 시약 보관함에 오래 전부터 있었던 그 물질. 우리가 쉽게 지나쳐 버린 그곳에 새로운 과학 발견의 가능성이 숨어 있다.

Superconductivity

사라진 잠수함
– 레드 옥토버(Red October)

영화 〈헌트 포 레드 옥토버〉의
숀 코너리

1984년에 톰 클랜시(Thomas Leo Clancy Jr.)가 쓴 서스펜스 소설을 각색해서 영화로 제작, 1990년에 개봉한 〈헌트 포 레드 옥토버〉*에는 화면을 가득 채우며 유영하는 거대한 소련의 최신 핵잠수함이 등장한다. 신병기인 잠수함의 이름은 '레드 옥토버(Red October, 붉은 시월)'다. 〈붉은 시월〉은 볼셰비키 혁명(1917년 10월에 볼셰비키 혁명이 일어나 러시아가 공산화되었다)을 상징하는 용어다. 이 영화는 미-소 냉전시대의 긴장을 다루고 있다.

시베리아의 찬 바람이 매섭게 부는 소련의 잠수함 기지(Soviet Sub Base) 북쪽 무르만스크(Murmansk)항 근처 해협에서 '레드 옥토버'가 새로 설치된 초전도 추진엔진의 테스트를 위해 시험 발진했다. 하지만 해저로의 시험 발진은 형식적인 보고일 뿐, 실상은 함장 라미우스**와 부함장이 미국으로 망명하기 위한 항해였다. 이 사실을 알아챈 소련정부에서는 '레드 옥토버'를 폭파하기 위해 함대를 동원한다. 미국의 워싱턴 정부는 핵탄두를 실은 소련 잠수함이 미국 전역을 강타하려는 것이 아닌가 하는 불안에 사로잡혀 미 해군에 '레드 옥토버'의 추격 명령을 내린다. 공해상에서 미군 해군과 소련 잠수함이 레이더를 이용해서 서로 상대방의 위치를 파악하고 있던 중에 갑자기 '레드 옥토버'가 미 해군의 수중음파탐지기에서 사라졌다.

"함장님, 적 잠수함이 사라졌습니다."

"그럴 리가 있나. 방금까지도 탐지기에 나타났었잖아? 다시 한 번 추적해봐!"

탐지기를 이용해서 주변에 있는 소리가 나는 물체를 찾아보았지만 잠수함을 찾을 수 없었다.

● 〈The Hunt for Red October〉, 숀 코너리와 함께 잭 라이언 역의 알렉 볼드윈 주연

●● Marin Ramius, 숀 코너리 분

"계속 찾아보고는 있지만 레이더에 잡히는 것이 없습니다."

"잡히는 것이 전혀 없어?"

"노래 부르는 소리 같은 것이 들렸을 뿐 다른 소리는 감지되지 않습니다."

핵무기를 탑재한 적 잠수함이 사라졌다는 보고에 함장은 당황했다. 사태는 급박하게 돌아갔다. 초고속으로 해저 항진을 하던, 핵무기를 탑재한 가공할 만한 적 잠수함이 갑자기 항로에서 사라지자 소련과 미국 양국에서 비상사태가 선포된다.

핵 잠수함인 '레드 옥토버'에는 두 개의 추진기관이 있었다. 하나는 일반 잠수함에서 사용되는 전기모터 엔진이고, 다른 하나는 초전도 자석을 사용하는 무소음 엔진이다. 평상시에는 일반 모터로 스크류(Screw)를 돌려 항해하다가 상대 함정을 만나면 상대에게 들키지 않기 위해 전기모터를 끄고 소리가 나지 않는 초전도 엔진을 가동한다. 군사용 선박이나 잠수함은 음파탐지기인 소나*을 탑재하고 있다. 소나는 소리를 탐지하는 장치다. 선박이나 잠수함처럼 스크류를 돌려서 추진되는 물체는 소나에 의해 위치가 쉽게 탐지된다. 하지만 소리가 나지 않는 물체는 소나에 탐지되지 않는다. '레드 옥토버'는 사라진 것이 아니라 미국 잠수함 가까이에서 전기모터를 끄고 초전도 추진기관으로 동력을 바꾸어 항해하고 있었다. 소리가 나지 않았기 때문에 미국 함정의 음파탐지기가 위치를 추적하지 못한 것이었다.

미국의 군사정보국에서는 기술요원들이 소련의 신병기인 '레드 옥토버'의 자료를 구해서 기술적인 토의를 하고 있었다. '레드 옥토버'의 측면 사진을 보면서 한 요원이 말했다.

"이 최신예 소련 잠수함은 태풍(Typhoon)급으로 기존의 잠수함보다 길이가 12미터, 폭이 3미터 더 큽니다."

"정말 큰 잠수함이군요. 그런데 이 사진에서 잠수함 옆면에 나 있는 이 구

*Sonar, Sound navigation ranging, 소리항해와 항속거리 측정

출처: http://gizmodo.com/5825984/sneaky-subs-are-going-wakeless-thanks-to-underwater-cloaking

● **소련의 신병기 초전도 전자기 추진 잠수함 '레드 옥토버.'**

하늘에 레이더에 잡히지 않는 스텔스(Stealth) 비행기가 있다면 바다에는 소나(Sonar)에 탐지되지 않는 초전도 전자기 추진 잠수함 '레드 옥토버'가 있다. 공상과학에 나오는 과학이 현실로 된 사례는 많다. 바닷속을 항해하는 잠수함의 개념도 공상과학에서 출발했다. 1990년에 영화로 제작된 〈헌터 포 레드 옥토버〉에 나오는 무소음 잠수함 '레드 옥토버'가 이미 군사 무기화되어 대서양이나 태평양을 소리 없이 항해하고 있을지도 모른다. 초전도 기술은 미래의 전력-에너지 산업뿐만 아니라 군사적으로도 관심을 가져야 할 중요한 기술이다.

명은 무엇인가요?"

"글쎄요. 저도 이렇게 큰 터널과 같은 구멍이 잠수함 옆면에 있는 것은 처음 봅니다."

"저 구멍으로 바닷물이 흘러 들어갈 수 있을 것 같은데요."

"그렇다면 혹시 초전도 전자기 추진 잠수함일 가능이 있습니다. 저희가 개발하려다 실패한 모델인데, 소련이 먼저 개발한 모양입니다."

"초전도 전자기 추진함은 정말 소리가 나지 않나요?"

"네, 그렇지요."

"어느 정도로 조용한가요?"

"완전침묵(Perfect silence) 항해가 가능합니다. 잠수함이 지나가지만 고래가 지나가는 정도로 생각하지요."

"소리가 나지 않는 이유는 무엇인가요?"

"초전도 전자기 추진장치 때문입니다. 초전도 자석을 사용한 신개념 엔진은 대단히 혁명적인 추진방식입니다. 초전도 추진장치에는 모터나 프로펠러, 기어나 구동축같이 움직이는 것이 없습니다. 일반 선박은 모터를 사용해서 선박 후미의 프로펠러를 돌려 움직입니다. 초전도 추진방식에서는 초전도 자석이 그 역할을 대신합니다. 초전도 자석의 자력과 전기력으로 바닷물을 선박 안으로 끌어들여 뒤로 빠져나가게 합니다. 그 힘으로 선박을 추진합니다. 완전한 침묵항해가 가능한 추진방식이지요."

"그렇다면 이 신병기 개발이 뜻하는 것은 전쟁을 의미하는 것이 아닙니까?"

"그렇습니다. 초전도 전자기 추진 잠수함은 음파탐지기에 탐지되지 않고 미국 해안을 제멋대로 왔다갈 수 있습니다. 핵무기를 실은 잠수함이 미국의 순항함이나 잠수함 편대 사이를 들키지 않고 자유롭게 이동할 수 있습니다. 초전도 전자기 추진 잠수함은 항공 레이더*에 잡히지 않는 '스텔스(Stealth)' 비행기와 같다고 보면 됩니다. 이 신병기의 출현은 곧 전쟁을 의미합니다."

'과학소설을 영화로 만든 내용에 등장하는 초전도 전자기 추진 잠수함을

* Radar, Radio detection and ranging, 무선방향탐지기

실제로 제작할 수 있는가?'

이 질문에 대한 대답은 '가능하다'다. 이제까지 개발된 대양을 운행하는 모든 선박은 동력기관인 모터가 스크류를 돌려서 추진력을 얻었다. 그런데 반드시 스크류를 돌려야만 선박의 추진력이 얻어지는 것은 아니다. 물속을 자유롭게 움직이는 물고기에는 스크류가 없다. 물고기는 지느러미를 이용해서 앞으로 전진한다. 어떤 방식이든 물을 밀어낼 수만 있다면 추진력을 얻을 수 있다.

초전도 전자기 추진선의 추진원리는 플레밍*의 왼손법칙**으로부터 이해할 수 있다. 왼손을 펴보자. 왼손 세 손가락의 검지, 중지와 엄지를 펼쳐서 서로 수직하게 세우면 검지는 자기장, 중지는 전류, 엄지는 힘의 방향이 된다. 자기장은 전자석이나 초전도 자석으로 만들 수 있다. 초전도 자석은 전자석보다 자기장이 크다. 도선에 전기를 흘리면 전류가 발생한다. 초전도 전자기 추진선의 전기는 배의 하단에 부착한 전극에서 발생된다. 자석을 작동시켜 자기장을 만들고, 그 자기장에 수직한 도선에 전류를 흘리면 도선은 힘을 받게 된다. 초전도 전자기 추진선에서는 도선 대신에 바닷물에 전기를 흘린다. 전자기력에 의해 힘이 발생하고, 그 힘이 물을 밀어냄으로써 배가 전진한다.

● John Ambrose Fleming, 1984–1945, 영국의 물리학자

●● 자기장–전류–힘의 관계를 나타내는 식

플레밍의 왼손법칙으로 움직이는 배를 만들어 보자. 배의 바닥에 수직한 방향으로 자력이 나오도록 초전도 자석을 놓는다. 배 밑의 좌우에 자기장에 수직 방향으로 전극 두 개를 배치한다. 바닷물에는 소금(NaCl, 염화나트륨)이 이온 상태로 녹아 있다. 나트륨(Na)은 플러스(+), 염소(Cl)는 마이너스(–) 전하를 띤다. 전극에 전기를 흘리면 이온들을 통해 바닷물에 전기가 흐른다. 플레밍의 왼

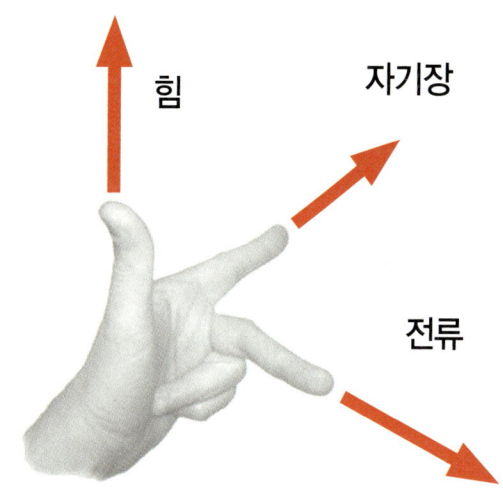

초전도 전자기 추진선의 원리인 플레밍의 왼손법칙

사라진 잠수함 – 레드 옥토버(Red October)

출처: http://flickrhivemind.net/Tags/yamato1/Interesting)

- 일본은 초전도 전자기 추진선 프로젝트를 진행했다. 1992년에 100피트 길이의 10명을 태울 수 있는 초전도 전자기 추진선 야마토(Yamato) 1호를 제작했다. 초전도 전자기 추진선은 전자기 유체력(MHD: Magneto-hydro dynamics)의 원리를 이용해서 움직이는 선박을 말한다. 기본원리는 플레밍의 왼손법칙을 따른다. 전자기 유체력은 초전도 자석이 만드는 자기장과 전류를 조절해 얻는다. 야마토호는 전자기의 힘으로 6노트(약 11km/h) 속도로 바다를 항해했다. 첫 번째 초전도 전자기 추진선인 야마토 1호는 속도가 느렸지만 소음과 진동 없이 성공적으로 항해를 마쳤다. 출항을 마치고 퇴역한 야마토 1호는 현재 일본 고베(神戸市)의 해양박물관에 전시되어 있다.

손법칙에 의해 전류가 흐르는 방향에 수직한 방향으로 힘이 걸린다. 초전도 전자기 추진선은 이 힘으로 바닷물을 밀어내며 전진한다. 전류의 방향을 반대로 하면 후진이 가능하고, 전극을 여러 개 배치해서 좌우에 추진력을 달리하면 배를 회전시킬 수 있다. 스크류를 돌리거나 방향타를 돌리는 것보다 전류를 조절하는 것이 훨씬 쉽기 때문에 선박의 조종이 쉽다. 전기장과 자기장의 세기에 의해 배의 출력이 결정되기 때문에 추진력을 정밀하게 조정할 수 있다. 초전도 전자기 추진선은 적 함정의 포격을 피해 민첩하게 움직여야 하는 군용선박, 위치를 정밀하게 조절해야 하는 쇄빙선이나 석유시추선으로 적합하다.

선박을 추진하는 힘은 전류와 자기장의 크기에 비례한다. 바닷물에 들어있는 이온의 농도가 낮기 때문에 전류를 높이는 데는 한계가 있다. 결국 선박의 추진력은 초전도 자석의 자기장 세기에 의해 결정된다. 일본에서 개발된 야마토(Yamato)호가 6노트의 속력밖에 내지 못한 이유는 자기력(추진력)이 부족했기 때문이다. 결국 강한 자기장을 만드는 것이 해결책이고, 그것은 초전도 자석이 담당해야 할 임무다. 10테슬라(Tesla) 이상의 자기장을 사용해야만 스크류 추진방식과 비교해 경제성이 있다고 한다.

Superconductivity

자석이 된
초전도체

1990년대에 어느 유명 과학잡지에 초전도 현상과 관련된 흥미로운 사진이 하나 실렸다. 그 사진에는 액체질소로 냉각된 검정색 초전도체가 영구자석 아래 허공에 매달려 있었다. 이제까지 보고된 초전도체가 영구자석 위 공중에서 떠 있거나 반대로 영구자석이 초전도체 위에 떠 있는 마이스너 효과와는 구별되는 현상이었다. 이 현상은 액체질소로 냉각한 초전도체의 완전반자성 실험중에 우연히 발견되었다. 연구자는 이 새로운 현상을 연구책임자에게 보고했다.

"박사님, 액체질소로 냉각된 초전도체가 영구자석 밑에 따라 매달립니다."

연구책임자는 연구자들의 보고에 믿을 수 없다는 표정으로 말했다.

"그럴 리가 있나? 액체질소로 초전도체를 냉각했다면 시료는 초전도 상태가 되었을 것이고, 이 상태에서는 초전도 내부로는 자기장이 들어갈 수 없지요. 내부에 있는 자기장도 밖으로 밀려나온다고 배우지 않았습니까. 그것이 초전도체만의 유일한 성질인 100% 완전반자성이지요. 이번에 제작된 시료는 제2종인 산화물 고온 초전도체라서 영구자석의 자력이 초전도체에 들어갈 수 있지만 초전도체를 액체질소로 냉각했다면 초전도 내부에 큰 자기장이 있기는 어렵지요. 계속해서 이 현상을 연구해 봅시다."

연구자들이 이 새로운 초전도 현상의 원리를 이해한 것은 아니었지만 학문적인 중요성을 인식해서 관찰결과를 학계에 보고했다. 그들은 이 현상을 초전도체가 영구자석 밑에 매달린다고 해서 '매달림(Suspension) 현상'이라고 명명했다. 비슷한 시기에 다른 연구그룹에서도 유사한 현상을 관찰했는데 그들은 이 현상이 낚시로 물고기를 잡는 것과 유사하다 하여 '고기잡이 효과(Fishing effect)'라 했다. 연구자들이 '매달림 현상'을 지속적으로 연구

● 중력이 작용하는 공간에서 영구자석(노란색) 밑의 일정 공간에 검정색 초전도체가 매달려 있다. 이 현상에 관여하는 힘은 중력과 초전도 내부에 들어간 자기력, 마이스너 효과에 의한 완전반자성 세 가지다. 이 세 힘이 균형을 이룰 때 이와 같은 매달림(Suspension) 현상이 나타난다. 초전도체 내부에 들어간 자기력과 영구자석의 자기력에 의해 초전도체와 영구자석이 끌어당긴다. 한편 초전도체의 완전반자성은 영구자석의 자력을 밀어낸다. 잡아당기는 힘은 제2종 초전도체의 플럭스 피닝(Flux pinning) 또는 퀀텀 로킹(Quantum locking)에 의한 힘이다. 이 현상을 고기잡이 효과(Fishing effect)라고 부른다. 필자는 양자화된 자력선들이 서로 붙들고 있다고 해서 자력의 끈(Magnetic strip) 현상이라 한다.

한 끝에 이 현상이 모든 초전도체에서 나타나는 것이 아니라 전류가 많이 흐르는 초전도체에서만 관찰된다는 점을 알게 되었다. 연구진은 매달림 현상의 원리를 이해했다. 초전도체가 영구자석을 따라 올라가는 이유는 영구자석의 자력이 초전도체 안에 들어가 잡히기 때문이었다. 연구자들은 이 현상에 대해 다음과 같은 결론을 내렸다.

"매달림 현상의 원리는 이렇습니다. 상전도 상태에 있는 시료를 액체질소로 냉각하면 초전도 상태에 도달합니다. 이때 초전도체는 완전반자성 상태가 됩니다. 반자성 상태에서는 초전도체 내로 자기장이 침투하지 못합니다. 그런데 저희가 냉각된 초전도체에 대해 위에서 힘을 주면서 영구자석을 접근시켰습니다. 고온 초전도체는 제2종 초전도체입니다. 영구자석의 자력의 세기(수천 가우스)는 초전도체의 1차 한계자력인 수백 가우스보다 큽니다. 따라서 초전도체 안으로 자력이 들어갈 수 있습니다. 초전도체 안에 들어간 자력이 영구자석을 잡아당기는 것 같습니다."

"가능해 보이는 설명이네요. 그런데 서로 잡아당긴다면 두 물체가 완전히 붙어야지 왜 떨어져서 매달려 있지요?"

"그것은 마이스너 효과 때문입니다. 초전도체 안에 자력이 들어갔다고는 하나 초전도 상태에서는 여전히 완전반자성인 마이스너 효과가 나타납니다. 초전도체와 영구자석 간에 작용하는 힘은 마이스너 효과에 의한 자기 반발력, 초전도체 내부에 잡힌 자력에 의한 영구자석을 잡아당기는 힘, 그리고 지구 전체에 작용하는 중력의 세 가지 힘이 있습니다. 세 힘이 평형을 이루기 때문에 초전도체가 영구자석에 매달려서 아래로 떨어지지도 않고 영구자석에 붙지도 않습니다. 그 때문에 영구자석과 초전도체가 서로 밀면서 당길 수 있고, 결국 서로 양보해서 초전도체가 일정한 거리를 두고 영구자석 밑에 매달려 있다고 볼 수 있습니다."

"그렇다면 그것은 제2종 초전도체만이 갖는 특별한 현상일 수 있겠네요?"

● 초전도체가 영구자석의 옆에서 일정 간극을 유지한 채 매달려 있다. 중력을 이기고 영구자석 옆에서 있을 수 있다는 것은 초전도체와 영구자석이 서로 잡아당기고 있다는 증거다. 이 공간에는 세 가지 힘이 존재한다. 전체 공간을 지배하는 중력(Gravity)과 영구자석의 자력을 반발하는 완전반자성의 마이스너의 힘, 그리고 초전도체 안에 잡힌 자력과 영구자석이 잡아당기는 자력의 힘이다. 초전도 내부에 잡힌 자력의 크기와 극성(N 또는 S)은 사용한 영구자석의 자력과 극성에 비례한다.

"이미 설명한 바와 같이 초전도체 내부에 들어간 자기장의 크기가 초전도체의 1차 한계자기장보다 큽니다. 아브리코소프가 주장한 제2종 초전도체의 (초전도 + 상전도) 혼합상태에서는 자기장이 초전도 내부에 그대로 있을 수 있습니다. 이 자기장들은 초전도 안에서 서로 평형을 이루고 있거나 초전도 내부의 결함(불순물)에 잡히게 됩니다. 초전도체 내부에 영구자석의 자력이 잡히게 되면 초전도체는 자력을 갖고 있다고 말할 수 있습니다. 초전도체가 자석이 된 셈이지요."

"이해는 되지만 중력이 작용하는 공간에서 영구자석 밑 어느 공간에 초전도체가 매달려 있다는 모습은 정말 신기합니다."

"그렇지요. 신기한 현상이지요. 지구와 달이 중력으로 묶여 있는 것과 같은 원리라고 보아야 합니다. 단지 초전도체와 영구자석 사이에는 한 가지 힘만 있는 것이 아니라 이미 설명한 세 가지 힘이 얽혀 있지요. 중력장 안에서 전자기력에 의한 매달림입니다."

"이 현상이 초전도체를 냉각하는 방식에 따라 달라진다는 관찰자의 보고에 대한 결론이 났습니까?"

"처음의 결과는 초전도체 주변에 자력이 없는 상태에서 초전도체를 액체질소로 냉각하는 무자력냉각(Zero field cooling) 시료에 대해 얻은 결과입니다. 초전도체를 액체질소로 냉각한 다음에 영구자석에 힘을 주어 초전도에 수직으로 접근시켰을 때 매달림 현상을 볼 수 있었습니다. 냉각방식을 자력냉각(Field cooling)으로 바꾸면 이 현상이 두드러집니다. 자력냉각 방식에서는 초전도체를 냉각하기 전에 초전도 옆에나 위에 영구자석을 놓습니다. 이때는 시료가 상전도 상태이므로 영구자석의 자력이 자유롭게 시료 내부로 들어갑니다. 이 상태에서 초전도체에 액체질소를 부어 시료를 초전도 상태가 되게 해줍니다. 온도가 내려가면 시료는 자기장을 밀어내는 마이스너 상태에 도달합니다. 마이스너 상태가 되면 모든 자기장을 외부로 밀어내려 합니다.

초전도체 내부로 들어갔던 자기장이 전부 밀려나가는 것은 아니고 일부는 초전도체 내부에 잔류합니다."

"초전도체 내부로 영구자석의 자력이 들어간다고 했는데 그것을 어떻게 알 수 있지요?"

"간단한 방법으로 테스트할 수 있습니다. 영구자석의 자력이 초전도체 내부로 들어갔다면 초전도체는 자석이 됩니다. 초전도체에 쇠붙이를 붙여보면 자력이 들어갔는지 알 수 있습니다."

이후에 이 현상에 대한 많은 연구가 진행되었고, 그 결과 고온 초전도체 내부에 상상할 수 없는 정도의 매우 큰 자력(수십 테슬라)을 집어넣을 수 있음이 밝혀졌다. 초전도체의 활용에 관심이 있는 연구기관에서는 초전도체를 자석으로 사용하자는 토론이 진행되었다.

"초전도체를 강한 자석으로 만들 수 있는 원리인 플럭스 피닝 현상에 대한 많은 연구가 진행되었습니다. 이 원리를 이용하면 초전도를 영구자석으로 만들 수 있습니다. 영구자석이나 전자석(또는 초전도 자석)을 사용해서 초전도체에 자기장을 가하면서 액체질소로 냉각하면 초전도체는 영구자석이 됩니다."

"어느 정도의 자력을 넣을 수 있나요?"

"네오디뮴 합금계열(Nd-B-Fe) 영구자석의 최대 자력은 1테슬라 이하입니다. 전자석이나 초전도자석을 이용해서 초전도체에 자력을 주입하면 수-수십 테슬라의 영구자석을 만들 수 있습니다. 자력을 주입하는 온도를 낮추어 줄수록 초전도체에 더 많은 자력을 넣을 수 있습니다."

"낮은 온도에서 강한 자력을 만들 수 있는 이유는 무엇인가요?"

"낮은 온도에서는 양전자들의 움직임이 둔화되니까 전자의 움직임이 원활해져서 초전도체 안에 상대적으로 많은 전류가 흐르기 때문입니다. 최근까

● 자력 4,000가우스의 영구자석을 사용하여 액체질소(77K)에서 자력냉각법으로 초전도체을 냉각한 다음에 초전도체에 들어간 자력의 힘을 알아보기 위해 철 클립을 초전도체에 붙여 보았다. 이 실험을 통해 초전도체 안에 자력이 들어가 있음을 알 수 있다. 이 원리를 이용하면 초전도체를 영구자석으로 만들 수 있다. 액체질소 온도인 77K에서 초전도체에 넣을 수 있는 자력은 약 1.5테슬라 정도다. 온도를 20K로 내리면 10테슬라 이상의 자력을 넣을 수 있다. 큰 자력을 넣기 위해서는 전자석이나 초전도자석을 사용한다.

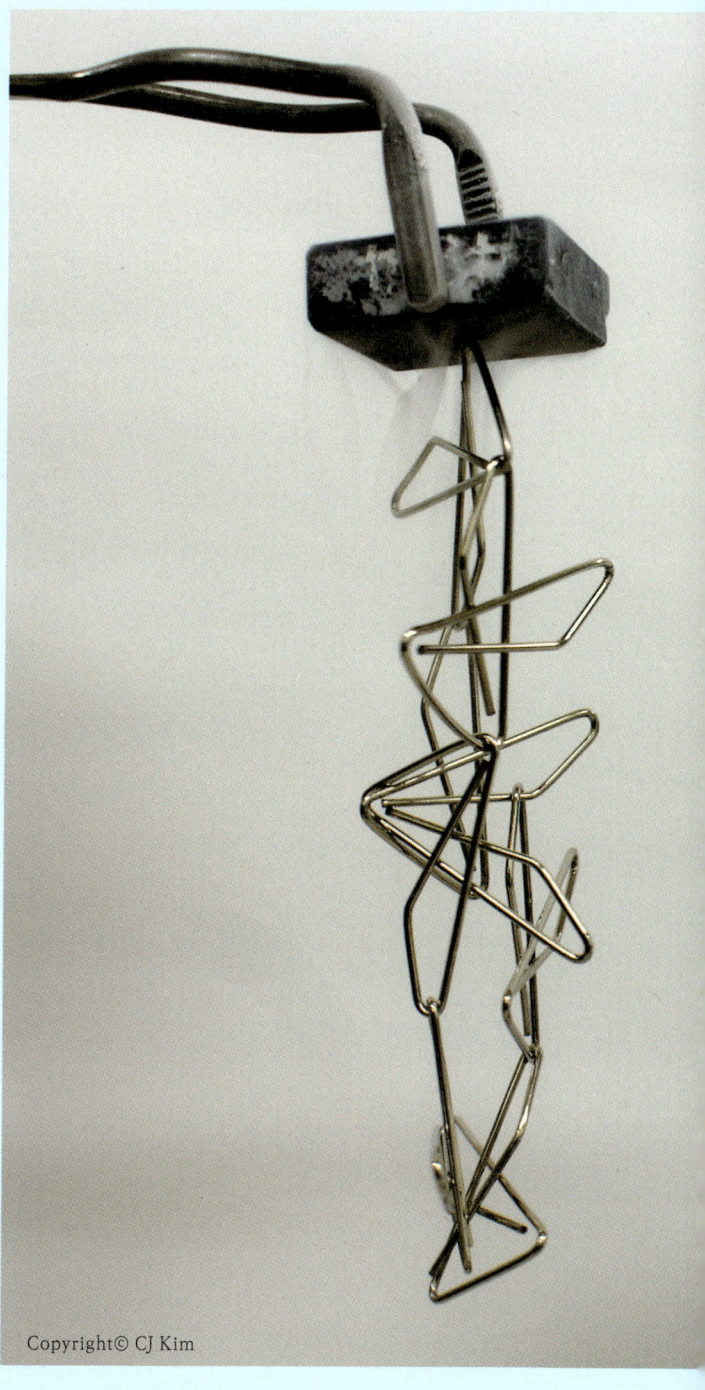

Copyright© CJ Kim

지의 보고에 의하면 20K 정도까지 온도를 낮추어 주면 16테슬라의 자력을 넣을 수 있다고 합니다."

"16테슬라라면 대단히 큰 에너지군요."

"그렇습니다. 자기장이 크면 그에 따라 발생하는 힘이 커집니다. 지난번에 독일 연구진이 초전도체에 강한 자력을 넣다가 시편이 깨지는 현상을 관찰했습니다. 전자기 법칙(전기-자기-힘)에서 발생하는 로렌츠 힘을 견디지 못해 초전도체가 부숴진 것이지요."

"시료가 깨지면 문제가 되겠네요. 이 문제는 어떻게 해결하나요?"

"그 문제를 해결하고자 초전도체에 구멍을 뚫고, 그곳에 금속 물질을 채워 초전도체의 강도를 증가시켰습니다. 구멍을 만들면 강도만 증가하는 것이 아니라 구멍으로 초전도 전류의 핵심인 산소가 잘 들어가기 때문에 초전도체의 자기 특성도 좋아진다는 것이 밝혀졌습니다."

"만일, 초전도체를 강한 자석으로 만든다면 어디에 사용할 수 있나요?"

"우선적으로 생각하는 분야가 자기분리(Magnetic separation)입니다. 자력을 이용해서 자성물질을 분리하는 것이지요. 도자기 원료에 들어가 있는 철 성분을 제거하면 원료의 순도가 높아져서 순백색의 자기를 만들 수 있습니다. 또 공장폐수에 들어 있는 철 성분을 제거할 수 있습니다. 해수에서 우라늄을 분리하는 데에도 활용할 수 있습니다."

"그런 용도에는 어느 정도의 자력이 요구되나요?"

"한 1-3테슬라 정도면 적당합니다. 일본에서는 온천수에 들어 있는 독성 물질인 비소를 제거하는 데 이 기술을 이용하려고 연구한 바가 있습니다. 일본은 화산이 많아서 온천이 많습니다. 온천수 중에 비소가 있어서 개발되지 못하는 지역들이 있습니다. 이들 지역의 온천수에 들어 있는 비소를 자성물질과 붙여서 분리하면 깨끗한 물을 만들 수 있습니다."

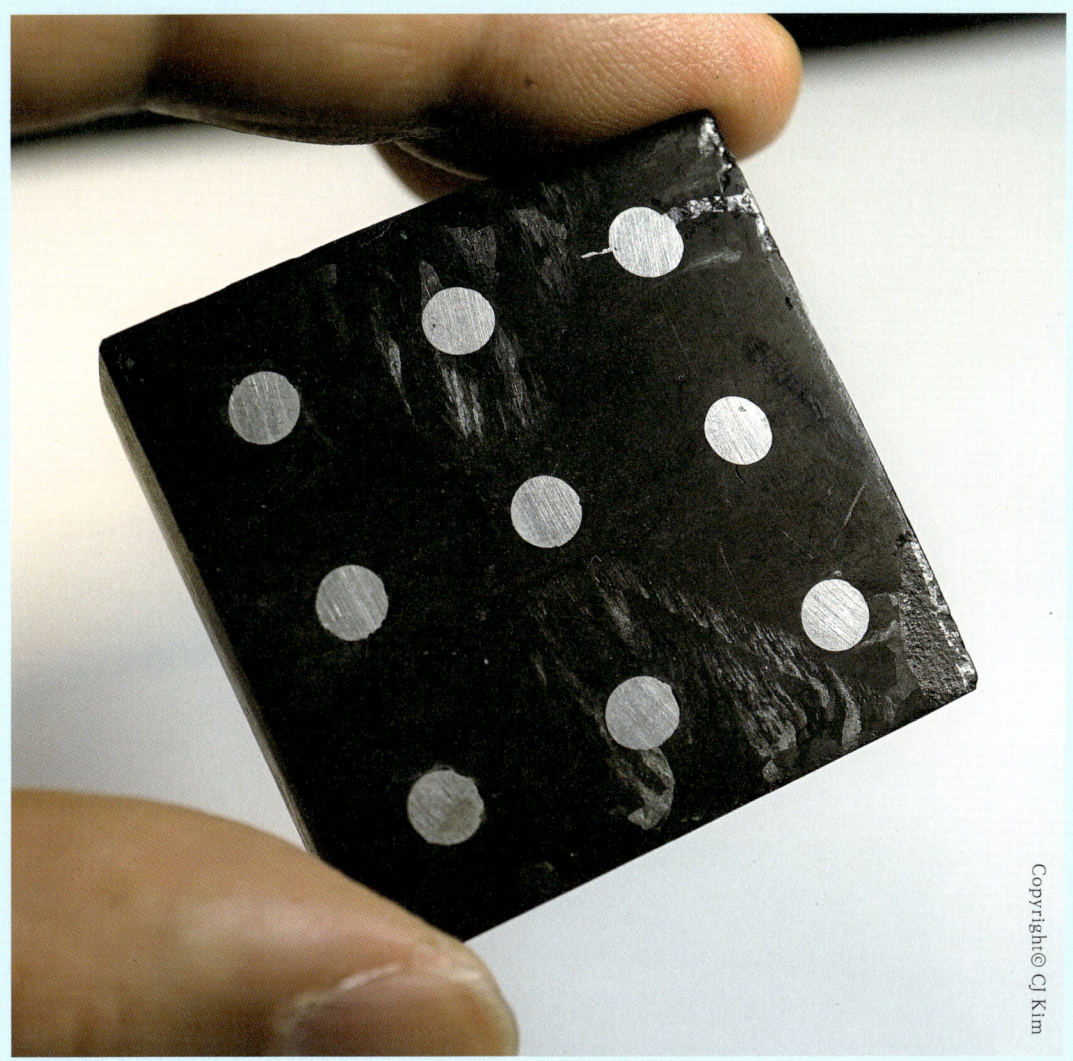

● 희토류 세라믹 초전도체에 아홉 개의 구멍을 낸 다음에 그곳에 금속 물질을 채웠다. 세라믹 물질은 돌과 같이 딱딱하기 때문에 과도한 힘을 받으면 아무런 징후가 없이 갑자기 깨진다. 고온 산화물 초전도체도 마찬가지다. 금속은 깨지기 전에 변형이 되면서 깨질 수 있음을 미리 알려준다. 산화물 초전도체에 자력을 넣으려면 외부에서 자기장을 가해 주어야 한다. 초전도체 내부에 강한 자기장이 들어오면 플레밍의 전자기 법칙에 의해 초전도체는 힘을 받는다. 자기장이 강해지면 초전도체에 작용하는 힘 또한 커진다. 이 힘을 이기지 못하면 초전도체는 깨진다. 초전도체에 구멍을 뚫고 그 내부를 금속 물질을 채우면 세라믹 초전도체의 성질이 강화된다.

"초전도 자석이 다양한 용도로 사용될 수 있군요."

"네, 그렇습니다. 무엇보다도 고온 초전도체로 자석을 제작하면 작은 크기로 다양한 형상을 만들 수 있어 장치의 이동성이 좋습니다. 몇 년 전에 발생한 일본의 후쿠시마 원전사고에도 자기분리 장치를 활용할 수 있습니다. 원자로에 바닷물이 들어가서 철이나 니켈 등 강자성 합금으로 제작된 원자로 용기들이 부식되었습니다. 이 부식물들의 제거에 초전도 자석이 적합합니다. 지난번에는 일본 철도회사에서 초전도체로 자기부상열차를 들어올리자는 프로젝트가 진행되었습니다."

"플럭스 피닝을 이용한 초전도 자석의 용도가 다양하군요. 새로운 기술들이 계속 개발되고 있으니 앞으로 초전도 기술의 미래는 밝다고 할 수 있겠습니다."

초전도를 활용하는 에너지 산업은 공해를 발생하지 않는 환경친화적 산업이다. 기름이나 석탄처럼 공기를 오염시키지 않는다. 초전도체는 전력 관련 기기뿐만 아니라 오염된 물을 정수하는 정수장치로도 사용된다. 산업화가 진행되면서 공장폐수로 인한 생태계 파괴가 심각해지고 있다. 공장폐수에 포함된 중금속은 식수를 오염시킨다. 오염된 물을 정화시키기 위해 초전도 기술을 이용할 수 있다. 이 장치를 '초전도 자기분리기(superconductor magnetic separator)'라고 한다. 초전도체에 외부에서 자력을 주입하면 수 테슬라(금속 영구자석의 자력은 0.5테슬라 이하임)의 자력을 갖는 초전도 자석을 만들 수 있다. 또한 초전도체를 전선으로 만들어 감아서 전기를 흘려주면 상당히 큰 자력을 발생시킬 수 있다. 이 장치를 초전도 자석이라고 하며 인간의 몸을 진단하기 위한 핵자기공명단층촬영기나 운송수단인 자기부상열차를 선로에서 띄우는 데 사용된다.

● 정화하기 전의 폐수(오른쪽)와 초전도 자기분리기를 사용하여 정화한 후(왼쪽)의 물의 상태다. 두 물의 탁도(탁한 정도)가 다르다. 철이나 산화철 가루를 풀어넣어서 폐수(오른쪽)를 만든 다음에 초전도 영구자석을 폐수 아래에 놓고 몇 분을 기다리면 자성입자인 철가루들이 비커의 아래에 놓은 초전도 자석 쪽으로 이동한다. 초전도 자석을 이용해서 산업용 폐수에 포함된 자력을 가진 물질을 제거할 수 있다. 자성을 띠지 않는 물질의 경우에는 자력을 가진 물질과 결합시켜 함께 제거한다.

Superconductivity

공중에서 회전하는 휠
– 에너지를 저장하다

미국과 일본, 유럽 각국이 고온 초전도체의 산업화를 위해 막대한 예산을 투입하자 한국정부도 초전도 연구에 관심을 갖기 시작했다. 과학기술을 담당하는 과학기술부에서는 초전도 연구에 예산을 투입하기로 결정했고, 물리, 화학, 재료합성 분야의 과학자들이 모여서 고온 산화물 초전도체 연구를 위한 연구협의체를 결성했다. 당시에 한국 과학계의 연구자 인프라가 크지 않았고, 특히 저온물리나 초전도를 전공한 과학자는 거의 없었다. 유전체*를 전공하던 연구자들을 중심으로 연구그룹을 만들어 초전도 연구의 국제동향에 대해 토의했다. 한국의 과학기술 분야 연구역사가 짧아서 그랬겠지만 '초전도연구협의회'가 여러 분야의 전공자들이 연구회를 조직해서 협력연구를 한 첫 번째 사례였다. 초전도연구회의 정기모임에서 연구회의 리더가 인사말을 했다.

* 誘電體, Dielectrics, 에너지 저장소자로 사용되며 산화물 초전도체와 유사한 결정구조를 가진다.

"초전도연구회에 참석한 여러분을 환영합니다. 초전도연구회는 여러 분야의 과학자들이 연구회를 조직해서 함께 연구를 하는 첫 번째 사례인 것 같습니다. 물리학자들은 초전도 신물질의 비밀을 풀고, 화학자는 물질을 합성하고, 재료학자들은 산업에 응용할 수 있는 좋은 재료를 만듭니다. 재료가 완성되면 전기나 전자, 기계공학자들이 초전도 소재로 효율이 좋은 전력기기나 컴퓨터, 전자소자를 만듭니다. 초전도 연구는 다양한 분야의 전공자들이 전공을 활용하고 협력하는 통합적 연구가 되어야 합니다. 이 모임을 통해 한국 초전도 연구의 초석을 만들어 갔으면 합니다."

당시의 한국 과학계의 수준은 그다지 높지 않았다. 일본이나 미국에서 새로운 초전도체가 합성되었다는 소식이 들리면 자료를 구해서 재현성 실험을 하는 정도의 수준이었다. 대학이나 연구소에 초전도 현상을 검증할 변변한 기기도 없었다. 연구실에서는 재료를 합성해서 액체질소에 넣어 마이스너 효과를 관찰하고, 전기저항을 측정하고, 현미경으로 재료의 미세조직을 관찰하는 수준의 연구를 진행하고 있었다. 연구회를 통해서 연구자들이 물질합성에 대한 의견을 교환하기는 했지만 핵심 사항을 알려주지는 않았다. 어떤 기관이 초전도 물질을 합성하게 되면 신문보도를 통해 '세계에서 세 번째로 고온 초전도 물질합성'이란 제목의 기사를 내보내곤 했다. 한국 과학자들의 연구결과가 세계 연구계에 미치는 영향은 미약했지만 연구자들은 초전도 연구를 통해 얻은 결과를 세계 유수의 과학잡지에 게재할 수 있다는 점에 고무되어 매우 활기차게 연구를 진행했었다. 필자도 한국과학기술원 신소재 공학과에서 박사과정을 밟으면서 몇 편의 논문을 SCI* 잡지에 기고했다. 당시는 연구실에서 SCI 잡지에 논문 한 편을 내면 박사과정 통과의 관문을 넘은 것으로 인정해 줄 때였다. 전세계적으로 폭발적인 연구를 통해 새로운 초전도체의 물리적 성질이 하나둘 밝혀지고 있었고, 많은 결과들이 새로운 과학적 사실을 내포하고 있었기 때문에 초전도에 대한 연구결과는 국제학술지에 쉽게 게재되었다.

물리학 분야에서는 신물질 합성과 초전도 현상 규명에 대한 다양한 연구결과들이 보고되었고, 재료과학 분야에서는 강력한 전자기적 성질을 가지는 덩어리 초전도체의 제조가 주요 연구과제였다. 이 덩어리 초전도 물질의 산업응용에 대해 연구회의 한 교수가 의미 있는 제안을 했다.

"녹여서 만든 덩어리 초전도체에 대한 소식을 들으셨습니까? 전자기 특성이 대단하다고 합니다. 초전도체의 마이스너 효과를 이용하면 무거운 중량도 쉽게 공중에 띄울 수 있다고 합니다. 일본에서 100여 개의 덩어리 초전도체로 100킬로그램 이상의 중량을 공중에 띄우는 데 성공했다고 합니다. 이 원리를 이용해서 마찰이 없는 장치를 만들면 에너지를 효율적으로 저장할 수 있을 것 같습니다. 저희 연구회에서도 이 분야에 대한 연구에 대해 논의해보면 어떨까 합니다."

'초전도 에너지 저장'이 산업에 활용되는 재료를 제조하는 연구자의 입장

미국의 Thomson Scientific사가 보유한 과학인용색인, Science citation index

에서는 흥미를 가질 만한 주제였지만 초전도 신물질 합성연구로 베드노르즈와 뮬러 박사가 노벨상을 탄 직후라 기초연구 분야 학자들의 반응은 시큰둥했다. 물리학 분야의 한 교수가 손을 들고 말했다.

"초전도의 반자성을 이용하여 에너지를 저장하자는 교수님의 제안에는 찬성합니다. 하지만 지금은 전세계의 학자들이 초전도 현상의 규명과 초전도 신물질의 합성에 온 힘을 쏟고 있습니다. 고온 초전도 발견 이후 불과 몇 년 사이에 초전도 온도가 100K를 넘어섰습니다. 물리학에서 있어서 참으로 놀라운 진전입니다. 이제 곧 상온 초전도체가 발견될 수도 있습니다. 전세계가 제3의 산업혁명이 온다고 흥분하고 있습니다. 우리 나라도 연구재원은 적지만 기초연구를 통해 초전도 현상을 규명하거나 상온 초전도체를 합성하는 연구를 한다면 노벨상을 못 탈 것도 없습니다. 지금은 산업응용보다는 신물질 합성과 이론의 규명과 같은 분야에 힘을 집중할 때입니다."

초전도 연구를 통해 한국 과학의 기초를 튼튼히 하자는 물리학 교수의 말에 많은 연구자들이 동의했다. 초전도 물질의 물리학적인 성질을 파악하는 일만 해도 너무나 많은 노력이 필요하기 때문에 초전도 원리를 이용한 장치를 만드는 산업응용 분야의 연구는 아직 시기상조라는 의견이 많았다. 주류의 관심을 사지는 못했지만 초전도 에너지 저장은 응용기기를 연구하는 연구자 입장에서는 매우 흥미로운 연구 주제였다. 연구회의 휴식시간에 초전도 에너지 저장장치를 제안한 교수가 자신의 아이디어에 대해 추가적으로 설명했다.

"고효율 초전도 에너지 저장장치에는 덩어리 초전도체와 영구자석이 사용됩니다. 초전도체 특유의 완전반자장으로 영구자석의 자력을 강력하게 밀어냅니다. 이 원리를 이용하면 초전도체 위의 어느 공간에 영구자석을 띄울 수 있습니다. 장치의 구상은 이렇습니다. 디스크형 선반을 만들고, 그 아래에 영구자석을 끼워 넣습니다. 초전도체를 액체질소로 냉각합니다. 냉각된 초전도체 위에 영구자석이 부착된 물체를 올려놓고 돌립니다. 물체는 초전도체 위 공간에 떠서 돌아갑니다. 공기마찰을 빼고는 회전을 방해하는 요소가 없어서 에너지 효율이 매우 높지요. 이것이 새로운 개념의 초전도 에너지 저장장치입니다."

교수의 제안을 주의 깊게 듣던 한 연구자가 질문을 했다.

"공중에 뜨는 기본 원리는 이해했는데 그럼 어떤 에너지를 저장한단 말씀

● **초전도 베어링의 원리.**

사진의 아래는 덩어리 고온 초전도체(검정색)이고, 위에 떠 있는 물체는 영구자석(두 개의 구[Sphere]와 한 개의 디스크[Disc] 모양의 영구자석을 붙였다)이다. 초전도체의 완전반자성 효과와 자기 플럭스 피닝(Flux pinning) 효과를 이용하면 초전도체 위 어느 공간에 영구자석을 띄울 수 있다. 이 구조를 초전도 베어링이라고 한다. 초전도 베어링은 마찰이 없으므로 어떤 베어링보다도 효율이 높다. 원반을 공중에 띄워 놓고 돌리면 오랜 시간이 지나도 원반의 속도가 줄지 않는다. 이 원리를 이용하면 고효율의 에너지 저장장치를 만들 수 있다. 이 베어링은 수평 베어링이다.

● 베어링에는 수직 베어링과 수평 베어링이 있다. 수평 베어링에는 같은 크기의 중력이 회전체의 양 끝에 작용한다. 위 사진은 회전축이 중력방향에 평행한 수직 베어링이다. 영구자석을 원반이라고 하면 원반의 상부에는 전기의 입출력을 위한 발전기나 모터가 붙는다.

입니까?"

"전기를 만들어내는 장비에는 공통점이 있습니다. 물레방아, 수력발전 터빈, 풍차, 전동기, 자동차 바퀴 등의 공통점은 회전한다는 것입니다. 어느 물체든 회전하면 에너지를 만듭니다. 물레방아를 돌려서 동력을 만듭니다. 마찬가지로 전기를 만드는 수력, 화력, 원자력 모두 터빈을 돌려서 전기를 생산합니다. 돌리는 힘의 원천이 어디에 있느냐에 따라 물의 낙차를 이용하면 수력, 기름을 태워서 나오는 열로 기계를 돌리면 화력, 원자붕괴를 이용한 열을 사용하면 원자력 발전이라고 합니다. 물체를 공간에 띄워 놓고 물체를 돌리면 공기마찰 이외의 다른 장애요인이 없기 때문에 물체가 아주 고속으로 돌아갑니다. 분당 만 회전도 가능합니다. 물체의 중량과 회전 속도를 곱하면 그것이 에너지 총량이 됩니다. 원반을 돌리는 데는 전기에너지가 필요합니다. 원반 상부에 모터와 발전기를 비접촉식으로 설치하면 됩니다. 이 장치의 에너지 효율은 대단합니다. 진공상태에서 돌리면 효율이 더 높습니다. 진공상태에서는 공기마찰도 없지요. 이제 이해가 되십니까?"

"아, 이해가 되었습니다. 마이스너 실험에서는 초전도체가 영구자석 위에 떠 있는데 에너지 저장의 경우는 반대로 초전도체 위에 영구자석 회전체가 공중에 떠서 돌아가는 것이군요."

"네, 맞습니다. 제가 조금 더 설명을 드리겠습니다. 현대 산업에서 모든 기계에 사용되는 부품 중에 베어링(Bearing)이란 것이 있습니다. 쇠구슬로 된 것도 있고, 기다란 막대기 같은 형태도 있습니다. 모두 다 동력이 전달되는 부위에서 마찰을 줄여주는 장치입니다. 이런 기계부품을 베어링이라고 합니다. 초전도 현상을 이용해 마찰을 줄이는 장치는 '초전도 베어링(Superconductor bearing)'이라고 합니다. 초전도 베어링을 사용하면 물체가 공중에 떠 있으니까 마찰이 거의 제로입니다."

"그러면 전기에너지를 회전에너지 형태로 저장해서 나중에 어떻게 빼내지요?"

"회전하는 물체의 상단에 발전기를 부착합니다. 발전기를 통해 물체의 회전(운동)에너지를 전기에너지로 바꿉니다. 그러면 빼낸 만큼 물체의 회전속도가 줄지요."

"이런 장치를 어디에 사용할 수 있습니까?"

"전기는 낮 시간에 많이 사용합니다. 저녁 이후 밤에는 전기가 남습니다. 저녁 시간 이후에 남는 에너지를 이 장치에 저장했다가 필요할 때 낮 시간에 꺼내 쓰면 됩니다. 또 도시의 전철을 운영할 때 생기는 유휴전력을 저장할 수도 있습니다. 전동차가 정지할 때 나오는 전기에너지를 회전하는 원반에 저장했다가 필요할 때 다시 전기에너지로 바꾸어 사용합니다."

초전도 에너지 저장장치에 관심이 있는 교수들이 삼삼오오 모여서 이야기를 이어갔다. 연구자 중의 몇 명은 이 주제로 공동연구를 추진하자는 제안을 하고 연구회 모임을 마쳤다.

초전도 베어링을 사용하는 장치를 플라이휠 에너지 저장장치(Flywheel energy storage system)라고 한다. 원반이 공중에 떠 돌아간다고 해서 붙여진 이름이다. 일본이나 독일의 연구소에서 덩어리 초전도체를 베어링을 사용하는 에너지 저장장치를 개발하고 있다. 필자의 연구실도 국가연구기관과 공동으로 에너지 저장장치를 제작하는 프로그램을 진행했다. 에너지 저장장치의 구성은 다음과 같다. 액체질소 용기 바닥에 초전도 타일을 깐다. 그 위에 영구자석이 들어 있는 수십 킬로그램의 중량의 알루미늄 원반을 올려 놓는다. 영구자석과 초전도체의 반발력에 의해 원반은 공중에 뜬다. 원반의 상부에는 발전기와 모터를 넣을 수 있는 공간이 있다. 회전체를 돌릴 때에는 전기모터를 작동하고, 회전체에 저장된 에너지를 전기로 변환시킬 때에는 발전기를 작동한다. 이런 형태의 에너지 저장장치는 한국과 일본, 미국에서 연구중이며 가까운 미래에 실용화될 예정이다.

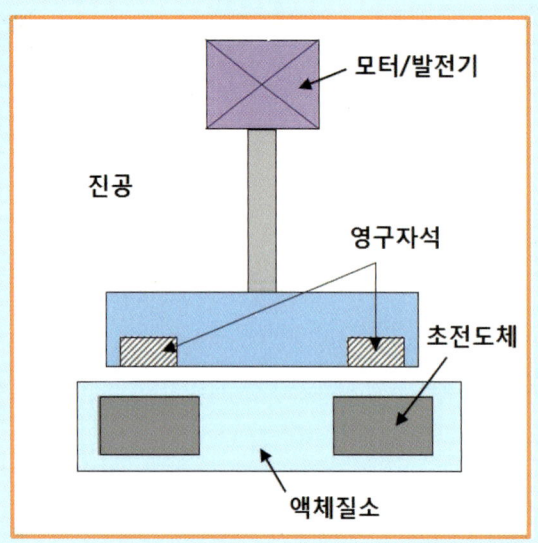

● **초전도 베어링의 원리.**
초전도체(아래)와 영구자석(위)을 사용한다. 초전도체를 아래에 놓고 액체질소로 냉각하여 초전도 상태에 도달하게 한다. 이후에 초전도체 위에 영구자석을 올려놓는다. 영구자석은 마이스너 효과에 의해 초전도체 위의 임의의 공간에 부상한다. 디스크형 영구자석을 올려놓으면 공중에서 회전이 가능하다. 영구자석을 고속으로 회전시키면 영구자석에 큰 운동에너지가 저장된다. 이 운동에너지를 전기에너지로 바꿀 수 있다. 베어링이란 자동차 바퀴나 물레방아처럼 회전하는 기기에 사용되는 마찰이 최소가 되게 해주는 기계부품이다. 초전도체와 영구자석을 이용하면 물체를 공중에 띄울 수 있으므로 부품 간의 마찰이 제로인 고효율의 베어링을 만들 수 있다.

● 냉각용기의 바닥에 초전도 타일이 깔려 있고 플라이휠(Flywheel)이 그 위에서 떠서 돌고 있다. 공중에 떠서 회전하는 휠(Wheel)고 해서 플라이휠이라고 한다. 전기에너지로 플라이휠을 돌려 운동에너지를 저장한다. 휠이 무거울수록, 빨리 돌수록 에너지가 높다. 저장된 에너지는 필요할 때 다시 전기에너지로 바꿔서 사용한다. 휠에서 에너지를 빼내면 휠의 속도는 감소한다. 휠의 상부에 구멍이 있다. 그 구멍의 원주 방향으로 극성이 다른 영구자석들이 배열되어 있다. 공간에 휠을 돌리기 위한 비접촉 전자석을 넣는다. 전자석의 극이 바뀌면 영구자석이 반응한다. 휠이 돌아간다. 어떤 물체든 회전시 고유진동에 의한 떨림이 있다. 이 떨림을 줄이거나 고유진동 구간을 넘어서도록 휠의 형상을 설계한다.

Superconductivity

초전도,
어디에 사용되나

초전도 상태에서는 전기가 저항 없이 흐른다. 저항은 전기(에너지)의 손실을 의미한다. 저항이 있는 구리 같은 금속 도체는 저항에 의해 에너지의 일부를 잃는다. 금속 전기선을 저항이 없는 초전도체선으로 바꾸면 에너지 손실을 줄일 수 있다. 저항제로의 미래 초전도 에너지산업은 초전도 자석으로 기차를 띄워서 움직이고, 효율이 높은 발전기로 전기를 만들고, 저항제로의 송전선을 통해 전기를 흘려 보내고, 플라이휠 에너지 저장장치에 전기를 저장한다.

초전도는 기기의 에너지 효율을 높일 뿐만 아니라 장치의 크기도 혁신적으로 줄여준다. 초전도선에는 구리선에 비해 수십 배 이상이 전기가 흐른다. 그만큼 전기장치를 만들 때 전선이 적게 든다. 구리선을 수십 번 감아서 전력기기를 만든다면 초전도선은 한두 번 감으면 된다. 따라서 기기의 소형화가 가능하다. 물론 초전도 장치에는 저온을 유지하기 위해 냉각장치를 붙여야 하는 불편함이 있다. 그럼에도 불구하고 초전도 산업은 고효율과 더불어 제품의 소형화와 경량화가 가능하기 때문에 큰 매력을 지니고 있다. 초전도 응용기기 중 도선을 활용하는 장치에 대해서는 다른 서적에 잘 설명되어 있으므로 본서에서는 주로 덩어리 초전도체(벽돌처럼 원료를 틀에 넣어 찍어 만든 제품)를 사용하는 초전도 응용을 소개하기로 한다.

무접점 베어링(Frictionless bearing)

풍차, 물레방아, 자전거 바퀴, 바람개비, 모터와 같이 회전하는 장치들의 공통점은 동력(에너지)을 만든다는 점이다. 회전기의 기계부품이 회전할 때는 기기 부품 간에 마찰이 생기므로 이 때문에 에너지가 손실된다. 기기의 에너지 효율을 높이려면 마찰을 줄일 필요가 있다. 베어링(Bearing)은 회전축의 처짐을 방지하고 회전력의 손실을 줄일 때 사용되는 부품이다. 일반적 기계베어링은 베어링과 회전축이 접촉하여 축을 지지하므로 접촉에 따른 에너지 손실이 있다. 마찰에 의한 에너지 손실은 윤활재를 사용하여 줄일 수 있으나 이 방법으로 마찰을 줄이는 데는 한계가 있다. 전자석의 자기 반발력을 이용하는 전자석 마그네틱(Magnetic) 베어링으로 부품을 공중에 띄우면 마찰을 최소화할 수 있다. 이 방식으로 물체(부품)를 띄울 수는 있지만 물체를 공중에서 고정하려면 까다로운 위치 제어장치가 필요하다.

초전도체를 영구자석의 자력 영향권에서 냉각하면 초전도체 안에 영구자석의 자력이 저장된다. 초전도체에 저장되는 이 자력이 공중에 뜬 물체가 이탈하지 않게 잡아준다. 자력 냉각시킨 초전도체를 위치 고정자(Stator)로 사용하여 그 위의 공중에 영구자석을 부착한 회전자(Rotor)를 띄우면 마찰에 따른 손실을 줄일 수 있다. 초전도 베어링을 사용하면 특별한 위치 제어장치 없이 물체(회전자)를 고정자 위의 어느 한 점에 띄워서 돌릴 수 있다. 베어링용 초전도 재료로는 자기부상력이 큰 덩어리 희토류 산화물 초전도체가 사용된다. 공기마찰에 의한 에너지 손실을 줄이려면 진공상태를 만들어 준다.

플라이휠 에너지저장 (Flywheel energy storage system, FESS)

초전도 기술을 이용하여 에너지(전력)을 저장하는 방법에는 두 가지가 있다. 첫 번째는 초전도선으로 구성한 저항제로의 폐쇄회로(Closed circuit)에 전류를 공급해서 저장한 후 원하는 시기에 저장된 전력을 외부로 추출해서 사용하는 초전도 자기에너지 저장장치*이다. 두 번째는 초전도체 베어링을 이용하여 물체(회전자)를 공중에 띄워 돌리는 플라이휠 에너지 저장장치**다. FESS는 전기에너지로 회전체를 돌려 에너지를 휠에 저장해 두었다가 필요한 시점에 저장된 에너지를 다시 전기에너지로 변환시켜 사용한다. 초전도

* SMES, Superconducting magnetic energy storage

** Flywheel energy storage system, FESS

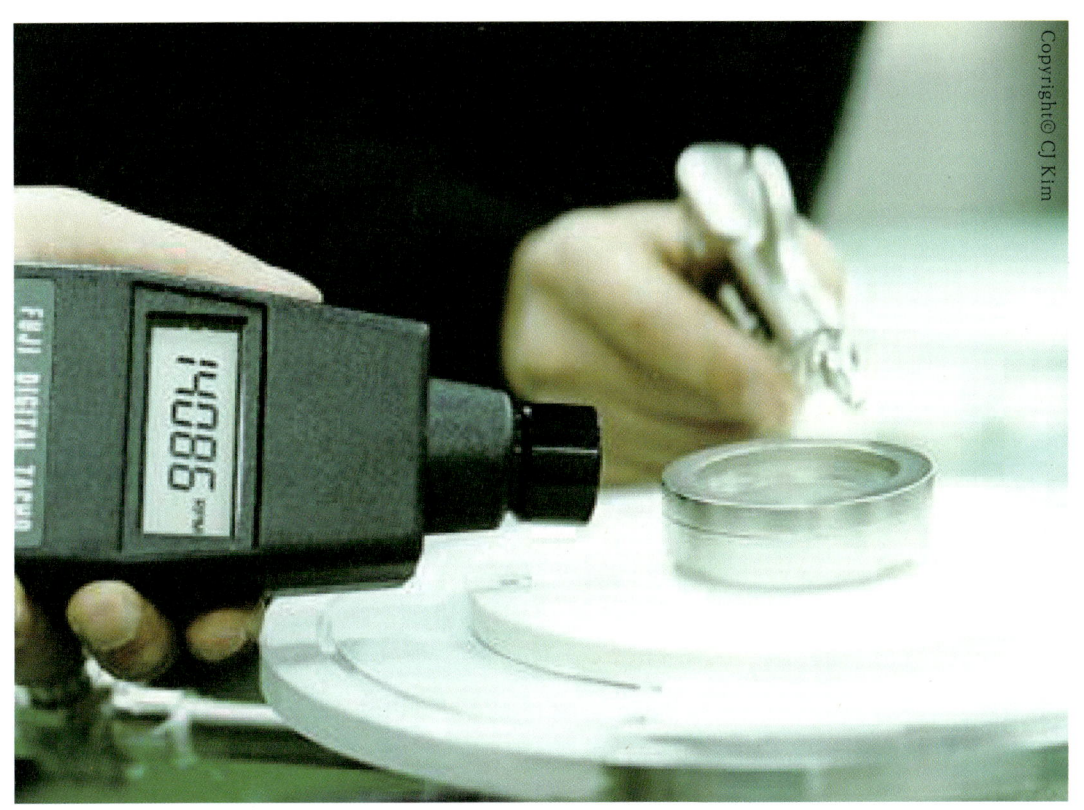

● 사진은 희토류 고온 산화물 초전도체와 고리 모양 영구자석으로 구성된 베어링이다. 고리(Ring) 모양 영구자석(회전자) 아래의 액체질소 용기 내부에 덩어리 초전도체가 들어있다. 마찰이 없는 상태에서의 고리 모양 자석의 측면을 압축공기로 쏘아서 회전자를 돌렸다. 회전자는 가볍게 분당 14,000회전을 기록했다. 회전체가 돌아갈 때 공기마찰에 의한 에너지 손실은 있다. 공기마찰이 없는 진공에서는 분당 수만~수십만 회전이 가능하다. 초전도 내부에 속박된 자기력을 이용해서 영구자석의 위치를 원하는 대로 바꿀 수 있다. 고속으로 돌아가는 회전체는 초전도 에너지 저장과 고속 원심분리기, 천체망원경과 카메라 셔터 등의 베어링으로 활용된다.

자석을 이용하는 SMES의 에너지 저장방식은 전력의 입출력이 빠르고, 에너지 손실이 극히 적다. 단점으로는 자석에서 발생하는 고자장의 영향, 과도한 냉각설비비, 적합한 특성의 초전도선재 확보의 어려움과 장치의 대형화의 한계 등이 있다. 덩어리 초전도체를 사용하는 FESS는 고속회전 을 할 때 과도한 진동과 에너지 입출력 등의 문제를 해결해야 하지만, 냉각비용이 저렴하고(냉각물질로 값싼 액체질소 사용), 장치의 설계 및 제작이 쉽다는 장점이 있다.

FESS는 초전도체-영구자석의 무접점 베어링, 회전에 의해 운동에너지를 발생시키는 회전체와 동력발생 및 플라이휠의 회전을 담당하고 에너지 전환에 필요한 모터와 발전기, 이렇게 세 부분으로 구성된다. 이외에도 진공, 냉각 그리고 제어장치 등이 필요하다. FESS는 에너지 손실이 거의 없고 안정성이 높다는 장점이 있다. 전자석 플라이휠 시스템은 베어링에 의한 마찰을 어느 정도 줄일 수 있으나, 회전자의 위치제어장치에 에너지가 많이 소모되므로 시간당 최소한 1%, 즉 하루에 저장된 에너지의 약 25% 이상이 손실된다. 반면, 덩어리 고온 초전도체 베어링을 사용하면 특별한 위치제어장치 없이 초전도-영구자석 간의 자기부상에 의해 회전체를 띄워서 돌릴 수 있으므로 에너지 손실은 시간당 약 0.1%, 즉 하루에 약 2%에 지나지 않는다.

자기차폐(Magnetic shielding)

인간의 몸에 있는 수분(물)에는 전기를 띤 이온상태의 원자들이 들어 있다. 이로 인해 미약하지만 사람의 몸에는 전기가 흐른다. 병에 걸린 인간의 장기에서 흐르는 전기는 정상인과는 양상이 다르다. 심장이나 뇌의 이상이 있는 부위에서 비정상적 형태의 전기가 흐르면 그에 따라 특정한 신호의 자기력이 발생한다. 조셉슨 효과를 활용하는 초전도 양자간섭기*는 신체의 미세한 전(자)기력을 감지한다. 인체의 장기에서 발생하는 전자기 신호는 매우 미

FLYWHEEL ENERGY STORAGE SYSTEM

● 오른쪽의 알루미늄 휠(회전자)이 왼쪽 장치의 용기 내에서 회전하며 에너지를 저장한다. 회전자의 무게나 회전속도를 높이면 플라이휠에 저장되는 에너지량이 커진다. 회전자의 무게가 클 경우 고속회전시에 회전자가 힘을 이기지 못해 깨질 수 있기 때문에 가벼운 회전자를 사용해서 속도를 높이는 방향으로 연구중이다. 이 장치에서는 약 20킬로그램의 회전자를 분당 수천 회 회전시켰다. 전력소모가 적은 시간대에 남는 전기에너지를 플라이휠 에너지 저장장치에 저장했다가 전력소모가 많은 시간대에 꺼내어 사용한다.

세하기 때문에 감지하기 어렵다. 또한 이들은 외부의 잡음(Noise)과 같은 신호에 묻힐 수 있다. 미세한 전자기 신호를 감지하기 위해서는 잡음 신호들을 차폐(Shield)하여야 한다. 잡음 신호나 외부 자기장을 차폐하는 초전도 자기 차폐재가 개발중이다.

● SQUID : Superconducting quantum interference device

초전도체의 차폐성능은 초전도체에 흐르는 전류량에 비례한다. 전류량이 클수록 외부자장을 차폐하는 효과가 크다. 세라믹 공정을 이용해서 인체를 수용할 수 있는 거대한 실린더 모양 초전도 용기를 제작할 수 있다. 이러한 차폐용기는 심자도 측정용 초전도 양자간섭기의 자기차폐에 사용된다.

● 자기차폐용 비스무스계 산화물 초전도 튜브(Tube). 초전도 튜브는 원심성형공정으로 제조된다. 원료분말을 녹여서 고속으로 회전하는 몰드(Mold, 틀)에 넣으면 원심력에 의해 비스무스 용융체가 틀의 벽에 붙어 튜브 모양을 갖게 된다. 온도를 내리면 초전도 튜브가 틀에서 분리된다. 이 초전도 튜브는 외부 자기장을 완벽하게 차폐한다.

덩어리형 초전도 영구자석(Bulk superconducting magnet)

합금형 초전도체나 고온 산화물 초전도체와 같은 제2종 초전도체는 자기장이 초전도 내부로 들어오는 것을 허락한다. 이 성질을 이용하면 초전도 내부에 큰 자기장을 저장할 수 있다. 초전도체 내부에 자력이 저장되면 초전도체는 영구자석이 된다. 초전도 영구자석의 자기력은 일반 영구자석[*]보다 크다. 희토류 초전도 영구자석의 자기력은 액체질소 온도(77K)에서 1테슬라 이상이다. 낮은 온도에서는 더 많은 자장이 저장된다.[**] 초전도 영구자석은 NMR[***] 기기의 고자기장 자석, 공장폐수 정화, 세라믹 원료에서 자성물질의 분리, 온천수의 유해성분 분리와 해수에서 우라늄을 분리하는 자석으로 사용된다.

[*] Nd-B-Fe 자석의 자기력은 최대 0.5테슬라 정도

[**] 20K에서 10테슬라 이상의 자기력이 가능

[***] Nuclear Magnetic Resonance, 핵자기공명

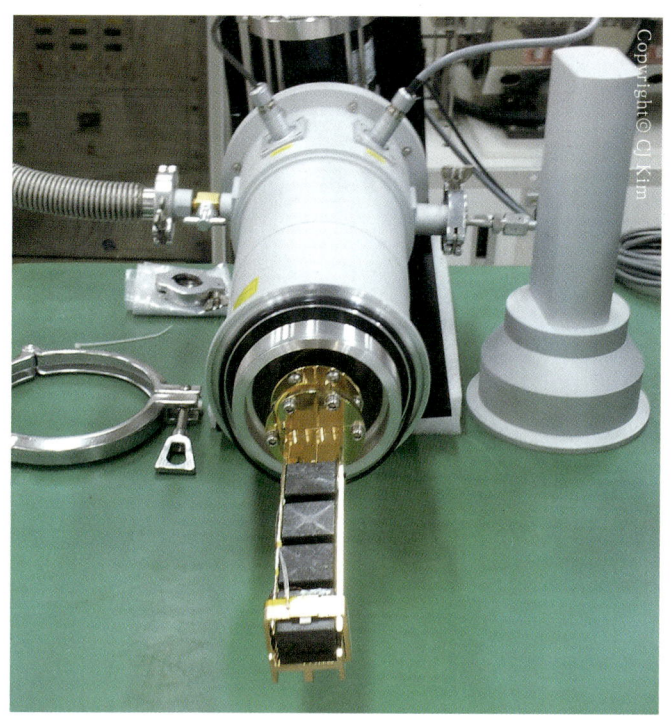

● 덩어리 고온 초전도체(사진 앞 부분의 검정색 사각 타일)를 냉동기에 올려놓고 자력을 가하면서 냉각하면 초전도체는 자석이 된다. 덩어리형 초전도체 하나에 수테슬라 이상의 자기장이 저장된다. 10K 부근의 극저온에서는 큰 자기 에너지를 저장할 수 있으므로 10테슬라 이상의 초전도 자석을 만들 수 있다.

전류단자(Current lead)

초전도 자석의 자기장을 발생시키려면 외부에서 전기를 공급해 주어야 한다. 소규모 실험용 자석에는 수십 암페어(Ampere), 초전도 발전기나 핵융합로용 거대자석에는 수만 암페어의 전류가 필요하다. 전류를 공급하는 전류단자선은 구리나 황동 등 금속재질로 제작된다. 금속재질의 전류단자를 사용해서 초전도 자석에 전기를 흘릴 수는 있지만 단자를 통해 열(Heat)이 빠져나가는 단점이 있다. 단자선의 저항에 의해 열이 발생하면, 이로 인해 냉각조의 냉매인 액체헬륨이 비등한다. 초전도 자석의 운영비 중 냉매(액체헬륨) 사용비와 냉동 운영비의 비중이 크다는 것 고려할 때 열 방출의 통로가 되는 전류단자의 재료 선정은 매우 중요하다.

세라믹인 산화물 초전도체의 열적, 전기적 성질은 매우 독특하다. 저항이 제로이고, 전기량은 매우 큰 반면, 열 전달이 느리다. 이 성질을 이용하면 산화물 초전도체로 우수한 성능의 전류 단자선을 만들 수 있다. 산화물 초전도체에서 열 전달은 금속 양이온과 산소 음이온을 통해 이루어진다. 이온에 의해 전달되는 열 전달량은 자유전자를 통해 전달되는 금속의 열 절단에 비교해 현저히 작다. 초전도 전류 단자선은 적은 면적에 많은 전류가 흐르면서도 열 손실이 적다. 녹여서 만든 이트륨계 산화물 초전도체에는 수천 암페어, 비스므스계 초전도체에는 천 암페어 가량의 전류가 흐른다. 전류가 흐를 때의 열 손실은 비스므스계가 이트륨계보다 적다. 구리선과 산화물 초전도체를 함께 사용하는 하이브리드(Hybrid)형 전류 단자선에는 약 천 암페어의 전류가 흐른다. 열 손실은 금속재 전류단자의 약 30%다. 초전도 전류 단자선은 냉동기로 초전도 코일을 냉각하는 초전도 자석에 사용된다.

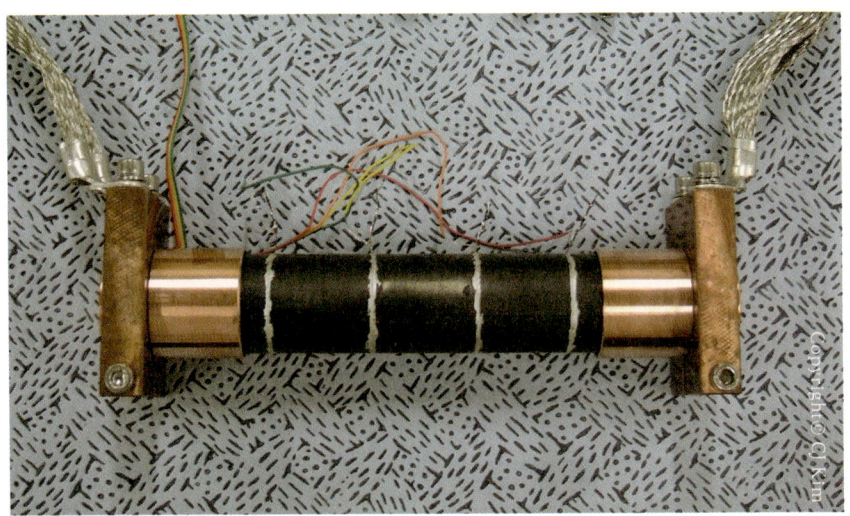

● 세라믹 초전도체로 제작한 전도선을 통해 초전도 자석에 전류를 공급한다. 세라믹 초전도 전도선은 열 차단효과가 높다. 도입선의 재질을 금속에서 세라믹 초전도체로 대체하면 액체헬륨 사용량을 현저히 줄일 수 있다.

자기부상 운송(Levitated linear carrier)

반도체를 생산하는 공정에서 가장 주의를 기울여야 할 점은 공정 내로 분진이 유입되는 일이다. 공정라인에 먼지가 조금이라도 있게 되면 반도체의 품질에 영향을 줄 수 있기 때문에 반도체 공정은 미세먼지가 없는 청정실(Clean room)에서 이루어진다. 반도체 부품의 운송에는 보통 벨트(Belt)식의 운송장치를 사용하는데, 이 과정에서 분진들이 발생할 수 있다. 초전도체의 자기부상 성질을 이용해 영구자석으로 가이드 레일을 만들고, 그 위에 초전도체를 부착한 운반체를 놓고 물체를 운송하면 마찰이 발생하지 않는다.

일본 도시바*에서는 청정실에서 사용되는 운송장비를 초전도체의 자기부상 원리를 이용하여 제작하였다. 초전도체를 사용해서 1.3킬로그램의 용기를 자석 위에 띄워서 리니어 모터**로 이동할 수 있게 운송장치를 고안하였다. 이 장치는 영구자석 가이드 레일 없이도 무접촉으로 물품을 운송할 수 있다.

* Toshiba, 일본의 가전회사

** Linear motor, 레일 위에 떠서 가는 장치

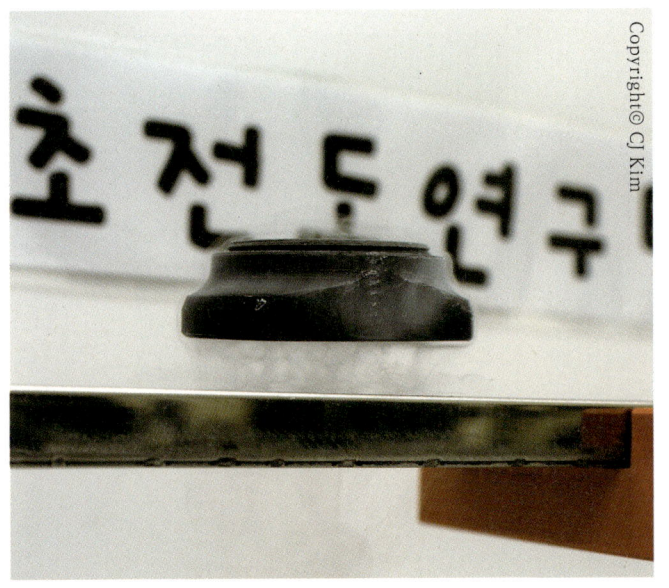

● 반도체 공장에서는 원자재뿐 아니라 운송공정에서도 불순물이 들어가지 않도록 공정을 설계 운영한다. 사진 아래쪽의 금속레일에는 영구자석이, 공중에 떠 있는 검정색 물체에는 액체질소로 냉각된 초전도체가 들어 있다. 영구자석과 초전도체의 반발력을 이용하는 초전도 자기이송장치는 마찰이 없기 때문에 미세먼지가 발생하지 않는다.

초전도 한류기(Fault current limiter, FCL)

산업사회의 거대화로 발전량이 증가하고, 이에 따라 전기의 단락사고 발생률이 높아지고 있다. 전력량이 커지면 대용량의 차단기를 추가적으로 설치해서 전력 계통의 안정성을 확보해야 하지만, 차단기 설치용 부지확보에 드는 비용부담이 크고, 차단기에 사용되는 절연유가 환경을 오염시키기 때문에 차단기의 추가 설치가 쉽지 않다. 이런 문제점의 해결방안으로 초전도를 활용한 한류기(超傳導 限流機, Fault current limiter, FCL)가 개발중이다. 초전도체 도선은 감당할 수 있는 일정 전류한도까지는 저항이 발생하지 않는다. 전류한계를 넘어 과부하가 걸리면 초전도 도선에 저항이 발생한다. 이 원리를 이용하면 전력계통을 보호하고 사고전류를 차단하는 안전장치를 만들 수 있다. 용량이 큰 한류기에는 초전도선을 코일 형태로 감아 사용하며, 중소형 한류기에는 박막이나 덩어리 초전도체가 사용된다. 과부하가 생길 때 초전도체에 발생하는 저항을 이용하는 저항용 한류기와 초전도체에서 발생하는 자기장을 이용하는 자기 차폐형 한류기를 개발중이다.

● 초전도 한류기용 덩어리 비스므스 초전도 튜브. 한류기는 전기를 운송하는 송전선에 과도한 전류가 흐를 때 전류를 안전한 수준으로 제한해 주는 전력기기 보호장치다. 초전도 한류기는 송전선에서 발생하는 저항을 감지해서 전기를 차단해 주며, 전기량이 감소하면 한류기 회로는 다시 정상상태(초전도 상태)가 된다.

천체 관측용 망원경(Lunar telescope)

지구는 대기와 두꺼운 구름층으로 둘러싸여 있기 때문에 천체를 관측하기가 쉽지 않다. 일반적으로 천체관측소는 날씨가 좋고 공기밀도가 낮은 고산지역에 건설된다. 공기밀도가 낮아야 천체를 관측하기 쉽기 때문이다. 천체관측 목적으로 가장 좋은 장소는 대기가 전혀 없는 달이다. 달에는 공기가 없으므로 천체관측이 용이하고 관측 시간에 제약이 거의 없다. 하지만 달에 천체관측소를 설치하려면 지구로부터 달까지 관측장비를 운반, 설치해야 하므로 비용이 많이 든다. 또한 설비의 유지, 관리하기가 쉽지 않다. 천체관측용 망원경의 회전부에 초전도체 베어링을 설치하면 기기 작동부의 구성이 간단해진다. 장치의 부피가 작아지고, 제작, 설치, 유지비용이 적게 든다. 태양이 비추지 않는 달의 어두운 지역(온도 40K)에서는 냉매 없이 초전도 베어

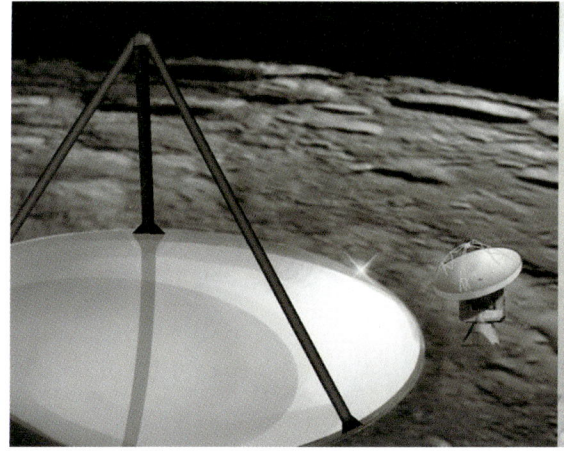

달 천체망원경(Lunar telescope)

초전도 베어링(Superconductor bearing)

출처: http://www.newscientist.com/data/images/ns/cms/dn14066/dn14066-1_600.jpg

● 천체 망원경의 하단에 오른쪽의 초전도 베어링을 설치하면 장치 구성이 간단해지고 유지 비용이 적게 든다. 미국 항공우주국(美國航空宇宙局: National Aeronautics and Space Administration, NASA)에서 초전도 베어링을 이용한 천체망원경 프로젝트를 진행하였다.

● 왼쪽은 금속관에 초전도 분말을 넣는 PIT 공정으로 제작한 이붕화마그네슘 초전도선의 단면 사진이다. 금속관 안에 19개의 초전도심(검정색 부분)이 들어 있다. 초전도체와 같이 전기가 많이 흐르는 선에서 과전류가 흐를 경우 초전도선이 타는 사고가 발생할 수 있다. 과부하 사고를 방지하고자 여러 개의 초전도심을 넣고 외부를 전기와 열이 잘 흐르는 구리와 같은 금속으로 감싸준다. 오른쪽은 거울 같은 면을 가진 금속 테이프다. 이 테이프 위에 초전도 물질을 물리적 또는 화학적 방법으로 코팅한다. 이 공정으로 만든 초전도선을 박막선재(Coated conductor)라고 한다. 박막선재 공정은 고온 산화물 초전도체의 약점인 방향성 전기 흐름을 보완하고자 개발되었다.

링을 작동할 수 있다. 90K의 초전도 임계온도를 갖는 고온 초전도체가 달에서는 상온 초전도체가 되는 셈이다. 달의 중력은 지구 중력의 1/6이므로 지구에서보다 더 많은 중량을 띄울 수 있다. 초전도 천체망원경의 대물렌즈와 대안렌즈 주구성부의 양 끝에 초전도 베어링을 설치하면 망원경의 위치를 자유자재로 조절할 수 있다.

초전도는 선으로 만들어야

초전도 기술은 의료용 MRI와 기초과학 연구 등 자석 분야에 가장 많이 응용된다. 초전도 자석은 초전도선을 감아서 만든다. 돌처럼 딱딱한 물질인 산화물 고온 초전도체를 도선으로 만들어 사용한다. 세라믹 초전도체를 선으로 만들기 위해 파우더-인-튜브(Powder-in-Tube, PIT) 공정이 개발되었다. PIT 공정은 금속관에 초전도 분말을 넣어 금속을 가공하는 공정인 압출(Extrusion)이나 인발(Drawing)로 초전도선을 제조한다. PIT 공법이 처음 적용된 소재는 금속합금 나이오븀틴(Nb_3Sn)이다. 금속간 화합물인 나이오븀틴도 세라믹 초전도 물질처럼 딱딱하고 잘 깨진다. PIT 공정에서 산화물 초전도체를 선으로 만들 수 있었지만 이 방식으로 제작한 희토류 고온 산화물 초전도선에는 전기가 많이 흐르지 않았다. 전기가 특정 방향으로만 잘 흐르는 산화물 초전도체의 단점 때문이다.

희토류 산화물 초전도선은 박막선재(Coated Conductor) 공정으로 제작된다. 박막선재라는 이름은 금속 위에 초전도 물질을 코팅(Coating)한다고 해서 붙여진 이름이다. 금속판에 물질을 코팅하는 방법에는 물리적 방법과 화학적 방법이 있다. 물리적 방법으로 레이저(Laser)나 스퍼터(Sputter)가 많이 사용된다. 금속판 위에 초전도 박막을 물리적으로 코팅하면 박막이 입혀지는 속도는 느리지만 박막성질이 뛰어나다. 화학적 방법으로는 대량생산에 유리한 원료인 유기금속을 녹여서 금속기판 위에 코팅하는 화학증착법•이 사용된다.

• Metal organic chemical vapor deposition

참고한 서적과 글

- 오네스의 초전도 현상 발견: "Heike Kamerlingh Onnes's Discovery of Superconductivity" (by Rudolf de Bruyun Ouboter), Scientific American, pp. 98-103 (1997).

- 초전도 역사의 소개: Charles Slichter, "Introduction to the History of Superconductivity," Moments of Discovery, http://www.aip.org/history/mod/superconductivity/01.html.

- 초전도의 발견(수은에서의 제로저항): "The discovery of Superconductivity," Dirk van Delft and Peter Kes, Physics Today, September 39-41 (2010).

- 마이스너 효과에 관한 설명자료: http://en.wikipedia.org/wiki/Meissner_effect.

- 마이스너 효과의 관한 논문: Meissner, W. and R. Ochsenfeld, "Ein neuer Effekt bei Eintritt der Supraleitfähigkeit". Naturwissenschaften 21 (44), 787-788 (1933).

- 1957년 노벨 물리학상 수상 논문(BCS 이론): Barden J, Cooper L N and Schrieffer R J, "Theory of superconductivity," Phys. Rev. 108 pp. 1175-204 (1957).

- 존 바딘의 연구인생: http://en.wikipedia.org/wiki/John_Bardeen.

- 쿠퍼 페어에 관한 설명: http://en.wikipedia.org/wiki/Cooper_pair.

- 존 로버트 슈리퍼의 연구인생: http://en.wikipedia.org/wiki/John_Robert_Schrieffer.

- 초전도는 댄스와 같다: J. Robert Schrieffer, "Superconductivity: A Dance Analogy," Moments of Discovery, http://www.aip.org/history/mod/superconductivity/03.html.

- Essay of an Information, and Scientist: Science Literacy, Policy, Education, and other Essay, "Current comments," Vol. 11, pp. 129-137 (1988).

- 브라이언 조셉슨에 관한 설명자료: http://en.wikipedia.org/wiki/Brian_Josephson.

- 1973년 노벨 물리학상 수상 논문(조셉슨 터널링 효과): Josephson, B. D., "Possible new effects in superconductive tunneling," Physics Letters 1, 251 (1962).

- 조셉슨의 이론을 실험으로 증명한 앤더슨과 로웰의 논문: Anderson, P W and Rowell, J

- M, "Probable Observation of the Josephson Tunnel Effect". Phys. Rev. Letters 10, 230 (1963).

- 1986년 노벨 물리학상 수상 논문(고온 초전도체): Bednorz, J. G. and Müller, K. A. "Possible high Tc superconductivity in the Ba-La-Cu-O system". Zeitschrift für Physik B 64 (2), 189-193 (1986).

- 고온 초전도체에 관한 설명자료: http://en.wikipedia.org/wiki/High-temperature_superconductivity.

- 뮬러의 연구인생: http://en.wikipedia.org/wiki/K._Alex_M%C3%BCller.

- 베드노르즈의 연구인생: http://en.wikipedia.org/wiki/Georg_Bednorz.

- Y-계 고온초전도체의 합성 논문: M. K. Wu, J. R. Ashburn, C. J. Torng, P. H. Hor, R. L. Meng, L. Gao, Z. J. Huang, Y. Q. Wang, and C. W. Chu, "Superconductivity at 93 K in a New Mixed-Phase Y-Ba-Cu-O Compound System at Ambient Pressure". Physical Review Letters 58 (9), 908-910 (1987).

- 폴 츄의 초전도 연구: http://en.wikipedia.org/wiki/Chu_Ching-wu.

- "초전도, 파티는 끝났는가?"(Superconductivity: Is the party over?), David Bishop, Science, vol. 244. 914-916 (1989).

- Bi-계 고온 초전도 합성 논문: H. Maeda, Y. Tanaka, M. Fukutumi, and T. Asano, "A New High-Tc Oxide Superconductor without a Rare Earth Element". Jpn. J. Appl. Phys. 27 (2): L209-L210 (1988).

- 히로시 마에다와 비스므스 초전도체: http://en.wikipedia.org/wiki/Bismuth_strontium_calcium_copper_oxide.

- 전기가 잘 흐르는 고온 초전도체에 관한 논문: S. Jin, et al, "High critical currents in Y-Ba-Cu-O superconductors," Appl. Phys. Lett. 52, 2074 (1988).

- 자기부상력이 큰 덩어리 초전도체에 관한 논문: Masato Murakami et al, "Large Levitation Force due to Flux Pinning in YBaCuO Superconductors Fabricated by Melt-Powder-Melt-Growth Process," Jpn. J. Appl. Phys. 29 L1991 (1990).

- 제2종 초전도체에 관한 아브리코소프의 논문: Abrikosov, A. A. "On the magnetic properties of superconductors of the second group", Soviet Physics JETP 5, 1174 (1957).

- 아브리코소프의 제2종 초전도체 노벨상 수상 설명자료: Advanced information on the Nobel Prize in Physics, 7 October 2003.

- 제1종 초전도체(Type I Superconductors): http://en.wikipedia.org/wiki/Type-I_superconductor.

- 제2종 초전도체(Type II Superconductors): http://en.wikipedia.org/wiki/Type-II_superconductor.

- 아브리코소프의 연구인생: http://en.wikipedia.org/wiki/Alexei_Alexeyevich_Abrikosov.

- 긴즈버그의 연구인생: http://en.wikipedia.org/wiki/Vitaly_Ginzburg.

- 물리학의 모짜르트 란다우의 연구인생: http://en.wikipedia.org/wiki/Lev_Landau.

- "2종 초전도체와 아브리코소프의 소용돌이 격자상태," 원혜경, 물리학과 첨단기술, 특집 노벨물리학상, November pp. 8-15 (2003).

- 초전도와 초유체에 관한 논문: "실험적 측면에서 본 2003년 노벨 물리학상 수상자의 업적," 김동호, 물리학과 첨단기술, 특집 노벨물리학상. November pp. 22-27 (2003).

- 초전도 100주년 특집논문: "끝나지 않은 100년의 초전도 역사", 방윤규, 물리학과 첨단기술, 초전도 100주년, 2-7 (2011).

- 이붕화마그네슘 합성 논문: "Superconductivity at 39 K in magnesium diboride," J. Nagamatsu 등, $Nature$, 410, 63 (2001).

- 초전도체 만들기: "분말 반응법에 의한 $YBa_2Cu_3O_{7-y}$ 합성과 벌크 초전도체의 제조," (전영주, 김찬중 등) J. Kor. Powd. Met. Inst., 20, 142-147 (2013).

- 초전도 펠렛 만들기: "Preparation of the 1-2-3 Superconducting pellet" http://web.ornl.gov/info/reports/m/ornlm3063r1/pt7.html.

- "Y-계 벌크 초전도체의 제조기술과 응용: 김찬중, 재료마당, 14권 15호 1-11 (2001).

- "초전도 벌크의 제조공정과 응용," 김찬중, 초전도와 저온공학, 7권 2호 5-10 (2005).

- 초전도기술의 응용: http://en.wikipedia.org/wiki/Technological_applications_of_superconductivity

- 좋은 품질의 초전도체를 만드는 방법에 관한 논문: C.-J. Kim et al, "New method of producing fine Y_2BaCuO_5 in the melt-textured Y-Ba-Cu-O system: attrition milling of $YBa_2Cu_3O_y$-Y_2BaCuO_5 powder and CeO_2 addition prior to melting," Supercond. Sci. Technol. 8, 652 (1995).

- 《신비로운 초전도의 세계》 (원제목: Superconductivity: The next revolution?), (Gianfranco Vidali 저, 이성익, 양인상 역) 한승, 1998.

- 《고온초전도, 21세기의 물질을 탐구한다》 (쇼지 타나카 저, 성태현 역) 한국경제신문사, 1992.

- 《초전도의 모든 것》 (백영현, 신재수 편저) 고려대학교 출판부, 1992.

- 《초전도 공학개론》 (김석환, 한송엽 공저) 대영사, 2004.

- 《초전도란 무엇인가: 왜 일어나는가? 어떻게 사용되는가?》 (오쓰카 다이이치로 지음, 김병호 옮김) 전파과학사, 1987.

- 《기초 초전도 물리학(Introduction to Superconductivity)》 (A.C. Rose-Innes, E. H. Rhoderick 공저, 김영철, 정대영 옮김) 겸지사, 1992.

여러 번 감사,
Many thanks!

　1986년 겨울 카이스트(KAIST, Korea Advanced Institute of Science and Technology) 재료공학과에서 석사과정을 마치고 대덕연구단지의 한국원자력연구소에 입소했다. 이학도나 공학도라면 누구나 가보고 싶어하는 연구단지에서의 첫 발걸음에는 가슴 뛰는 설렘이 있었다. 필자는 대한민국 과학의 미래를 이끌어가는 대덕연구단지에서 연구 초년병으로 과학자의 인생을 시작했다. 하지만 설렘은 아주 잠깐뿐이었다. 연구실 실험대 위에는 비커 몇 개가 놓여 있었다. 대덕연구단지의 연구실은 준비된 연구실이 아니라 채워주기를 기다리는 텅 빈 공간이었다. 1980년대 한국원자력연구소의 모습은 그랬었다. 물질을 합성하는 실험을 하기 위해 직접 니크롬선을 사서 감아 열처리 장치를 만들었다. 온도를 측정할 수 있는 측정단자가 필요했지만 구하기가 쉽지 않았다. 실험의 정확도와 신뢰도를 생각할 만한 상황이 아니었다. 필자보다 먼저 연구소에 들어온 선배들은 연구는 생각하지도 못했다. 선배들은 30대 중반의 젊은 나이에 연구행정을 하면서 젊은 시절을 보냈다. 어려운 상황이었지만 대덕연구단지 연구소에 입소했다는 사실만으로 기뻤었다. 대덕연구단지에 입소. 그것이 첫 번째 감사하는 마음이다.

석사학위를 마치고 연구소에서 우라늄(Uranium, 원자력 발전의 원료로 사용되는 원소) 제조에 관한 일을 하면서 유학을 준비하던 필자는 연구소 근무 1년 만에 다시 카이스트 재료공학과 박사과정에 들어가게 된다. 유학을 가서 미국이나 유럽의 새로운 학문을 배워 오는 것도 좋지만 직장을 유지하며 카이스트 박사과정에 진학하는 것에도 장점이 있었다. 박사과정의 연구주제는 탄화규소(SiC, Silicon carbide, 내열재료나 반도체 소재로 사용됨) 세라믹의 밀도화였다. 일년 정도의 박사과정 주제에 대한 실험기구를 제작하던 중인 1986년에 산화물 고온 초전도체가 발견되었다는 소식을 접했다. 산화물이란 금속과 산소가 결합한 물질(흙, 돌이나 진흙, 도자기 등)을 말한다.

"전기가 잘 흐르지 않는 돌덩어리에서 초전도 현상이?"

필자에게 '초전도'는 처음 들어보는 생소한 단어였다. 아주 낮은 온도에서만 일어난다고 생각되던 초전도 현상이 과학자들이 상상할 수 없는 높은 온도인 절대온도 91K에서 일어났다는 소식이 전세계의 과학계를 강타했다. 노벨상을 받은 초전도 이론인 BCS 이론(초전도 현상이 전자와 원자의 진동의 상호작용으로 일어난다는 이론)에서 초전도 현상은 30-40K 이상에서는 일어날 수 없다고 했다. 전세계 과학계는 흥분의 도가니에 빠졌다. 온 세상의 모든 과학자들이 초전도 연구를 하겠다고 선언했다. 산화물 고온 초전도를 발견한 스위스 IBM 취리히 연구소에서 일하던 베드노르즈와 뮬러 박사는 이듬해인 1987년에 노벨 물리학상을 수상했다.

카이스트에서 박사과정을 밟고 있던 필자는 탄화규소 세라믹스 연구를 포기하고 고온 초전도 물질합성 연구에 도전했다. 물질합성에 필요한 열처리장치 하나 변변한 것이 없었지만 세계적인 연구그룹과 같은 주제로 연구를 할 수 있다는 사실에 만족했다. 필자는 1989년에 국제 SCI 학술지인 *Journal of Material Science*에 첫 번째 논문을 제출했고, 얼마가 지나 게재가 가능하다는 답신을 받았다. 우편으로 배달된 '논문게재가능(Accepted)' 답신을 받고 너무 기뻐했었다. 국제논문 게재가 카이스트 졸업을 위한 필수요건이었기에 남다른 감회가 있었다. 당시에 본인이 소속된 한국원자력연구소에서 국제학술지에 게재되는 논문이 일년에 몇 편 되지 않았다. 여기저기 짜맞추어 놓은 듯한 서투른 영작문으로 직접 작성했던 논문이 필자의 첫 번째 작품이 된 것이었다. 그것이 두 번째 감사하는 마음이다.

1987년에 박사과정에 입학한 후 3년 반 만의 빠른 기간에 초전도 물질합성을 주제로 다수의 논문을 국제학술지에 게재하고 박사학위를 받았다. 연구소 업무로 복귀한 필자는 연구원 생활 1년을 마치고, 연구재단의 지원으로 1992년에 미국 인디애나 노트르담 대학(University of Notre Dame, 미국 중부 인디애나에 소재한 카톨릭계 사립대학교)으로 박사후 연구자(Postdoctoral fellowship) 과정을 가게 되었다. 그때는 결혼을 해서 딸 아이를 낳고, 안정된 가정에서 청년 과학자로서 연구에 대한 열정을 키워가던 시기였다. 필자는 노트르담 대학 전기공학과 폴 맥귄(Paul J. McGinn) 교수 실험실에서 희토류 초전도 단결정 합성을 주제로 연구를 수행했다. 필자가 그곳에서 배운 것은 미국의 앞선 과학이 아니라 과학에 대한 태도였다. 노트르담 실험실의 연구시설이나 환경이 한국대학의 실험시설에 비해 결코 좋은 것은 아니었지만 그들은 그곳에서 상당한 수준의 연구결과를 내놓고 있었다. 필자는 박사후 과정을 하면서 한국의 연구수준이 미국, 일본, 유럽에 비해 많이 떨어져 있음을 알게 되었다. 한국의 연구환경이 열악하기도 했지만 그보다는 과학기술의 역사가 짧기 때문에 과학에 대한 태도나 열정이 선진국 과학자들의 그것과는 많이 달랐다. 지금도 그렇지만 한국의 연구자들은 어떤 주제에 대해 연구를 할 때 새롭고도 독특한 결과를 얻어야 한다는 강박관념에 빠져 있는 경우가 있다. 그에 비해서 수백 년간 과학을 해 온 유럽이나 미국의 연구자들은 과학을 그냥 일상의 한 부분으로 생각한다. 그들은 어떤 실험에 대해 결과가 좋든, 나쁘든, 그것을 하나의 결과로 받아들이고 그대로 잘 정리해 두는 습관이 있다. 한국의 연구자들은 결과가 자신이 원하는 바와 같지 않으면 데이터를 버리든지, 아니면 쉽게 연구 주제를 바꾼다. 별 차이가 아닌 것 같지만 이런 서구의 학문을 대하는 자세가 노벨상 수상자를 배출하는 원천이라고 생각한다. 노트르담 대학에서 연구에 대한 태도와 방식을 배운 것은 나의 연구활동에 지대한 영향을 주었다. 1년의 짧은 기간이었지만 노트르담 대학에서 진행한 연구결과로 국제학술지에 세 편의 논문을 게재했다. 더불어 필자는 눈 덮인 인디애나와 미시간의 접경에 위치한 미시아나(Michiana, South Bend, Indiana) 한인교회에서 신앙생활을 시작했다. 기독교 신앙은 나에게 인생의 가치에 대해 깊이 생각하게 하였고, 이후의 삶의 방식을 결정하는 데 큰 도움을 주었다. 세상을 새롭게 볼 수 있는 눈과 미래를 향한 창을 열어 준 노트르담 대학에서의 값진 인생경험에 세 번째 감사하는 마음을 전한다.

 박사후 과정을 마치고 한국원자력연구소에 복귀한 필자는 연구팀원들과 협력으로 매년 5편 이상의 논문을 SCI 학술지에 게재하였다. 이후 10년 동안 연구팀원들과 함께 열심히 연구한 결과, 한국원자력연구소의 초전도연구팀은 세계의 연구그룹들과 어깨를 나란히 할 만한 수준으로 성장했다. 1987년에 시작한 한국원자력연구원에서의 고온초전도 연구는 2015년 현재 29년이 되었다. 29년이란 긴 시간 동안 한 가지 주제로 연구를 한다는 것은 한국의 연구풍토에서는 불가능한 일이다. 그런 면에서 필자는 '축복받은 연구자(Blessed researcher)'라 할 수 있다. 필자는 초전도 연구과제를 지속적으로 지원해 준 국가(당시의 과학기술부)에 감사하고 싶다. 또한 필자의 첫 직장이자 마지막 직장이 될 한국원자력연구원에도 감사의 마음을 표하고 싶다. 직장을 다니면서 카이스트로 박사과정을 다닐 수 있게 해주신 당시 우라늄연구실장이었던 이강일 실장, 연구를 지도해 주신 국일현 박사, 한국원자력연구소에서 초전도 연구를 시작한 원동연 박사와 오랜 기간 연구를 함께 한 산업기술대학교 이희균 교수에게 감사를 드린다. 연구란 혼자서 하는 것이 아님을 안다. 연구 주제에 대한 아이디어를 내고, 실험을 계획하고, 실행하고, 데이터를 만들어 해석하는 일과 전체의 수고를 한 편의 논문으로 완성하기까지에는 많은 사람들의 노력이 필요하다. 오랫동안 시료를 만들고 측정하는 일을 함께한 박순동, 김기백 선생, 지영아 박사, 전병혁 박사 그리고 필자의 연구실에서 학위논문을 쓰며 오랜 시간을 함께 한 삼성전기의 김호진 박사와 김광모, 현대제철의 지봉기 박사와 김규태 박사, 삼성전자의 이지혜, 동부전자의 선종원과 김민우, 우성계측기기의 김기익, 학원을 운영하는 이동욱과 반도체 장비회사에 다니는 정우영, 두 아이의 엄마로 살아가는 김이정, 최정숙과 김복실, ㈜삼동의 이동건, 에너지 기술연구원의 정선아, 이지현 그리고 아직도 연구실에서 웃음을 나누며 하루의 일상을 함께하고 있는 박승연과 감사를 나누고 싶다. 더불어, 함께 연구과제를 성실히 수행했던 한국기술교육대학 박해웅 교수, 선문대학의 이상헌 교수, 성균관대학교 신소재공학과의 주진호 교수, 물리학과 강원남 교수에게 고마운 마음을 나눈다. 또한 이 책의 집필에 필요한 초전도 물리학 지식에 많은 도움을 준 ㈜서남의 현옥배 박사, 영남대학교 물리학과의 김동호 교수와 국가핵융합연구소 오상준 박사에게 감사를 드리며, 이 책에서 언급되지 않은, 필자에게 조언을 아끼지 않은 모든 분들에게 감사의 마음을 전하고 싶다.

초전도와 함께 한 시간이 30년 가까이 되어가고 있다. 그 시간을 채운 많은 추억들은 필자에게는 너무 소중하고 행복했던 시간으로 기억된다. 이 행복한 시간이 있기까지 일상을 함께한 사랑하는 아내와 딸, 아들과 장모님과 장인께 감사한 마음을 드린다. 필자의 성품은 기본적으로 나의 아버지를 닮았다. 조용하면서 조금은 소심한, 그리고 약하거나 가난한 사람들을 보면 측은하게 생각하는 모든 성품의 중심에는 나의 아버지가 있다. 필자가 박사후 연구자 과정으로 미국에 있는 기간에 아버지는 건강에 문제가 있어 병원에 입원하셨다. 아버지께 전화를 했을 때 아버지는 필자에게 "훌륭한 과학자가 되라"고 말씀하셨다. 그리고 며칠 후에 아버님은 하늘나라로 가셨다. 그 말씀이 유언이 되었는데 내가 아버지의 유언대로 훌륭한 과학자가 되어 있는지에 대해서는 아직도 확신이 없다. 나는 내 아이들에게 이렇게 말해 주고 싶다. "세상에서 쓸모 있는 사람이 되라. 무엇을 하든 가치 있는 일을 추구하라. 우리는 이 세상을 보다 더 나은 세상을 만들기 위해 이곳에 있는 것이다." 필자의 어머니는 한국전쟁중에 북(개성)에서 남으로 내려 오셨다. 어머니는 가족과 헤어져 혼자 지내오신 이산가족이다. 홀로 삼남매를 키워오신 어머니의 수고에 보답을 하는 일은 직장에서 열심히 일하고 가정을 잘 꾸려 나가는 일이다. 그렇게 살려고 노력해 온 것 같다. 이 책을 쓰면서 연로하신 어머니의 건강을 생각하며 건강하게 오래 사시기를 바라는 마음이 있다.

연구단지에는 가로수길이 있다. 필자는 그 길을 '연구단지 블러바드 (Boulevard)'라고 부른다. 잘 계획된 도시인 대덕연구단지의 가로수길을 보면 처음 이곳에 왔을 때의 그 가슴 설렘이 떠오른다. 그 싱그러운 가로수 길에는 봄, 여름, 가을, 아름다운 꽃들과 색색의 고운 단풍이 도로변을 채색한다. 대덕연구단지는 교통이 좋고, 문화와 교육이 있고, 삶이 여유롭다. 그런 연구단지가 좋아서 연구단지에 근무하는 동안 대학으로 오라는 요청을 서너 번 받았으나 정중하게 거절했다. 대학으로 직장을 옮기면 연구단지에서와 같은 활발한 연구가 어려울 것이라 생각했기 때문이다. 오랜 시간이 지난 지금 그때의 내 결정이 옳았다는 생각이 든다. 그 답례로 한국원자력연구원은 그간의 필자의 연구활동을 인정해서 2013년에 필자를 영년직 연구원 (Tenureship researcher)으로 선발해 주었다. 연구자로서는 하나의 축복인 셈이다. 또한 2014년에서 그 동안 연구한 초전도기술의 일부가 기업으로 이전되는 성과도 얻을 수 있었다. 나의 연구생활에서의 모토(Motto)는 마지막까지 늘 같은 모습으로 연구하고 논문을 쓰는 것이다. 연구비를 따기 위해 가방을 들고 주무부처를 찾아 다니다가 연구능력을 잃어버린 많은 연구자들을 발견한다. 안타까운 일이다. 필자 역시도 연구책임자로 여러 회의를 참석하면서 분주했지만 연구능력을 잃지 않으려고 부단히 노력했다. 그 결과 필자는 아직까지도 논문을 읽고 논문을 쓰고 있다. 이제 연구자로서의 정년이 얼마 남지 않은 인생 후반의 바람은 연구자로서의 롤 모델(Role model)을 만들고 아름답게 퇴직하는 것이다.

연구단지 가로수길에 바람이 불자 나뭇잎들이 살랑살랑 손을 흔든다. 대전을 가로질러 흐르는 갑천변을 걸으며, 나무 사이로 불어오는 훈풍을 맞으며, 나는 내일의 연구 주제를 생각한다. 그리고 연구자들과 만나 연구의 즐거

● 나에게 과학자로서 가장 소중하고 행복했던 시간은 아이들에게 과학 이야기를 해주고, 초전도 실험을 하며 함께한 시간이다. 청소년들에게 과학에 관한 질문을 던지고, 아이들의 손을 잡아주고, 어떤 때는 뒤에서 앉아주기도 하며 '노벨상을 다섯 차례 수상한 초전도(Superconductivity)'를 이야기 형식으로 설명해 주었다. 자라나는 아이들은 대한민국의 미래다. 그러하기에 우리는 아이들에게 과학에 대한 희망과 창의의 꿈을 심어주어야 한다. 언제, 어디에서, 누구와, 무슨 이야기를 했는지 내 머리 속에서 지워진 기억이 많지만, 그래도 그 시간들이 언젠가는 이 나라 과학 꿈나무의 성장에 도움을 줄 것이라는 생각에 나는 그것만으로 기쁘다. 이제 'CJ Kim의 초전도 과학시간'은 끝나고, 휴식시간이다. 초전도 강연 후에 미래 꿈나무들과 함께 사진 한 컷. 찰칵!

움을 이야기한다. 나의 일상의 보금자리인 연구단지 가로수길, 그 블러바드가 있어서, 연구단지가 있어서 행복하고, 그곳에서 연구를 할 수 있어서 행복했다. 마지막으로, 필자가 35년간 연구를 할 수 있도록 곁에서 도우며 격려를 아끼지 않은 사랑하는 아내에게 다시 한 번 감사의 마음을 드린다.

Many thanks from CJ Kim.